LA

NAVIGATION AÉRIENNE

EN CHINE

RELATION

D'UN VOYAGE ACCOMPLI EN 1860

ENTRE

FOUT-CHEOU ET NANT-CHANG

PAR

DELAVILLE-DEDREUX

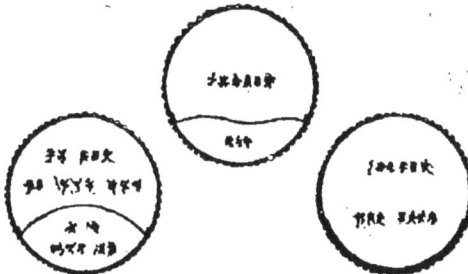

V

LA NAVIGATION AERIENNE

EN CHINE

PARIS. — IMPRIMERIE DE CH. BONNET,
42, rue Vavin.

LA

NAVIGATION AÉRIENNE

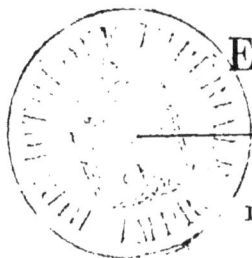

EN CHINE

RELATION

D'UN VOYAGE ACCOMPLI EN 1860

ENTRE

FOUT-CHEOU ET NANT-CHANG

PAR

DELAVILLE-DEDREUX

PARIS

CHEZ DESLOGES, ÉDITEUR

Rue Saint-André-des-Arts, 52

—

1863

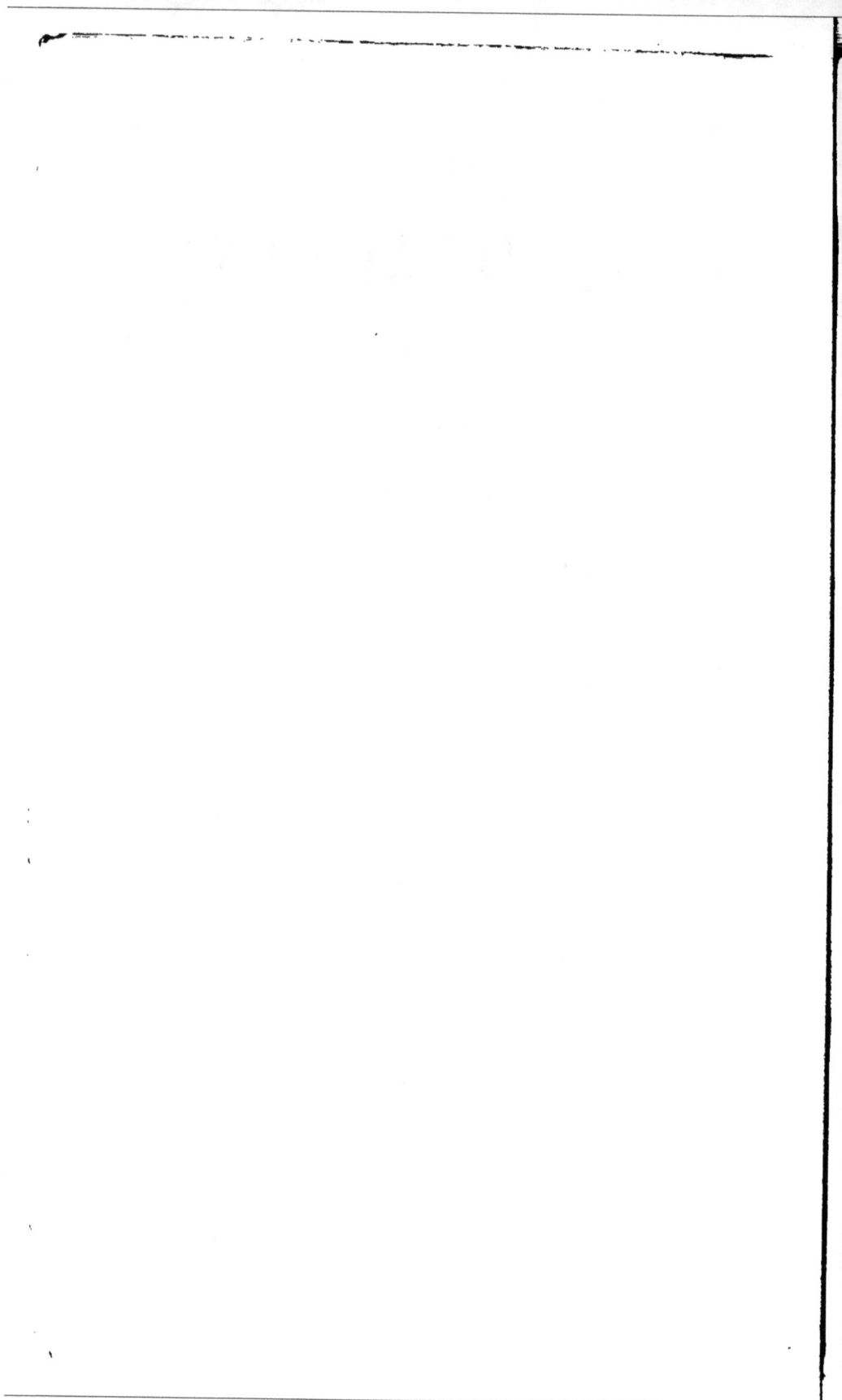

LA
NAVIGATION AÉRIENNE
EN CHINE

I

Ascension d un ballon à Pékin, en 1306. — Equipage aérien
chinois en 1860. — Méthode et procédés de direction. — Connaissance des vents. — Sondes atmosphériques. — Observatoires. — Transmission permanente des observations météorologiques.—Moyens et instruments employés par les capitaines
aéronautes pour connaitre constamment la direction suivie
par leur navire et sa vitesse de translation dans l'espace.—Per-
fectionnement qui pourrait être apporté à l'indicateur des vitesses par l'électricité.

Lorsque vers l'année 1783, on vit s'élever et dis-
paraître dans les nuages le globe des frères Mont-
golfier, puis quelques mois plus tard, des hommes
intrépides confier leur vie à cette fragile enveloppe, ce

fut un enthousiasme indescriptible qui, de Paris gagna l'Europe entière, et la France s'enorgueillit d'être le berceau de cette invention merveilleuse.

Mais l'expédition de la Chine devait nous apprendre, entre autres surprises qu'elle nous réservait, que les aérostats datent de loin, ainsi que l'avaient prétendu plusieurs auteurs dont l'un des plus affirmatifs s'exprime ainsi .

« Les anciens nous ont précédé dans toutes les rou-
« tes. Malgré notre insupportable orgueil, nous devons
« les regarder comme nos maîtres dans les arts, dans les
« sciences, dans les lettres. La civilisation dans notre Occi-
« dent ne fait que de naître. En Afrique et en Asie, elle a
« six mille ans d'existence. Les peuples de l'autre hémis-
« phère qui ont eu le bonheur de conserver leurs mœurs,
« leurs institutions et leurs lois, nous prouvent par leurs
« annales que nos prétendues découvertes sont pour eux
« des nouveautés de quelques milliers d'années. Le Père
« Vassou, missionnaire à Kanton (Chine), décrivait dans
« une lettre datée du 5 septembre 1694, c'est-à-dire
« près d'un siècle avant qu'il ne fût question en France
« d'aérostats, l'ascension d'un ballon lancé à Pékin en
« 1306, lors de l'avènement au trône de l'empereur
« Fo-Kien. Ce récit traduit littéralement par le Père
« Vassou, sur des documents officiels et parfaitement
« authentiques, est de nature à corriger l'outrecuidance
« de nos chers contemporains. » (*Merveilles du génie
de l'homme*. p. 114. par Amédée de Bast; chez Paul Boizard, éditeur. Paris.)

Après cette citation, on sera sans doute moins

étonné d'apprendre que la navigation aérienne est arrivée en Chine à un degré de perfection, dont nous n'avons pas l'idée en Europe. Ayant eu la bonne fortune de pénétrer dans l'intérieur du Céleste Empire, et d'en être revenu non sans avoir couru mille dangers, je crois remplir un devoir en publiant les observations que j'ai pu faire sur cet intéressant sujet. Je dois prévenir que n'étant pas un savant, j'ai dû me borner à une narration que je me suis efforcé de rendre claire ; néanmoins la pénétration du lecteur devra souvent suppléer mon insuffisance.

La première fois que je vis un équipage aérien chinois, je crus rêver... C'était par une joyeuse matinée d'automne; je me promenais dans les belles campagnes qui entourent l'importante ville de Fout-Cheou, où j'étais allé passer quelques jours, chez mon excellent ami le mandarin Kié-Fo. Devant moi j'apercevais la mer toute frémissante aux dernières caresses du soleil levant; à ma droite, de riantes habitations festonnées de découpures bizarres; à ma gauche une colline aux sentiers sinueux, couverte de riches moissons.

En suivant l'un de ces sentiers, j'arrivai bientôt sur les confins d'une immense clairière, dont l'aridité contrastait étrangement avec la fertilité des campagnes environnantes. Il n'y avait là, ni arbres, ni ruisseaux ; un sol dur et compact n'y laissait croître qu'une herbe clair-semée, broutée par quelques troupeaux de moutons. On apercevait pourtant au milieu de cette maigre prairie une sorte d'oasis vers laquelle je me dirigeai. Après une demi-heure de marche, je vis, que ce que j'avais pris pour un simple bouquet d'arbres, était une éminence de terrain en forme de talus couverte d'un bois taillis très-touffu, percé de larges routes.

J'allais y pénétrer, lorsque du milieu de ce monticule s'élevèrent deux immenses globes allongés, d'un blanc éclatant, au-dessous desquels étaient suspendues une dizaine de petites nacelles, dans lesquelles je distinguais des hommes et des femmes élégamment vêtues.

Quelle ne fut pas ma surprise de trouver, à trois mille lieues de la France, des aérostats si magnifiques ! Mais mon étonnement augmenta, lorsque je vis ces deux navires aériens voguer de conserve l'un derrière l'autre, se maintenir à une hauteur si petite que j'entendais la voix des passagers, et se diriger rapidement vers l'intérieur des terres.

Saisi de surprise et d'admiration, je courus sans reprendre haleine chez mon ami Kié-Fo et lui racontai ce que je venais de voir, en parsemant mon récit d'exclamations qui paraîtront bien légitimes au lecteur et dont mon ami sembla flatté.

—C'est un équipage de promenade, me dit-il, il sera probablement de retour demain soir. N'avez-vous donc point cela en Europe, ajouta-t-il avec malice.

—Si fait... mais je dois avouer que nos aérostats sont de plus petites dimensions.

Je me gardai bien d'ajouter que nos plus curieuses ascensions consistaient à enlever un pauvre cheval plus mort que vif, ou bien encore quelques belles écuyères artistement ficelées par une jambe à des tringles de fer, dépendant de la nacelle, ce qui, leur laissant la liberté de l'autre jambe et de leurs deux bras, leur permettait de gesticuler assez pour représenter, tant bien que mal, des déesses ou des nymphes s'envolant vers l'Olympe.

—Nos ingénieurs, continuai-je, se sont plus particulièrement appliqués à l'étude des engins de destruction, et vous avez vu ce qu'ils sont capables de faire.

—Enfin, vous n'avez pas de navires aériens, et si vous êtes curieux d'en examiner un de plus près, nous pourrons faire ensemble un petit voyage.

—J'en serais enchanté, m'écriai-je, et je suis prêt à affronter tous les dangers pour vous accompagner.

—Oh ! me dit-il en souriant, vous n'avez nul besoin de faire provision de courage ; les excursions aériennes sont les plus agréables, et les moins dangereuses que l'on puisse faire.

—Quand partons-nous ?

—Demain matin si vous voulez, je suppose qu'il vous est assez indifférent de naviguer vers un point plutôt que vers un autre.

—Sans doute, pourvu que nous soyions assurés du retour.

—N'ayez point souci de cela.

—Les Chinois ont donc le secret de diriger les ballons à leur guise ?

—Pas absolument, mais il est rare qu'un capitaine n'atteigne pas le but du voyage, et qu'il ne ramène pas son équipage au point de départ dans les délais prévus.

—Ce que vous me dites me surprend bien, et je suis curieux de savoir par quels moyens on obtient de pareils résultats.

—D'abord et avant tout, par la connaissance des courants atmosphériques ; les meilleurs capitaines sont ceux qui savent le mieux prévoir leur durée, et dans quel sens les diverses circonstances météorologiques doivent changer leur direction. La connaissance des vents est une véritable science basée sur des règles positives, et qui s'enrichit chaque jour d'observations nouvelles. En outre, le Céleste-Empire possède un grand nombre d'observatoires, qui envoient à chaque instant du jour l'indication des courants d'air, régnant à diverses hauteurs et les capitaines se règlent sur ces indications.

—Mais comment reconnaître le sens des courants ?

—C'est au moyen d'un instrument que l'on appelle *sonde atmosphérique*. La sonde atmosphérique n'est autre chose qu'un ballon captif de petite dimension. Le fil qui le retient passe au centre de la base d'une tour de dix mètres d'élévation, et dont le couronne-

ment, formant un cercle horizontal est divisé en quatre
cents degrés. Le premier degré correspond au nord, le
centième à l'ouest, le deux centième au sud, et le trois
centième à l'est. Le ballon captif étant poussé dans le
sens du courant d'air où il plonge, attire dans la même
direction le fil qui le retient, et lui donne une inclinaison qui révèle le sens du courant.

Le vent vient-il directement du nord, le fil va toucher le cercle indicateur sur le deux centième degré
(sud). Vient-il de l'ouest, le fil va toucher le trois centième degré, et ainsi pour les directions intermédiaires,
qui toutes sont indiquées par un certain nombre de degrés. Au pied de la tour est une roue à compteur sur
laquelle s'enroule le fil du ballon captif. En faisant
tourner cette roue, l'observateur ramène la sonde des
régions les plus élevées jusqu'aux plus basses, et il
connaît ainsi, en peu d'instants, la direction de tous les
courants d'air existants au-dessus de lui, ainsi que la
hauteur et l'épaisseur de chacun d'eux.

— Je comprends parfaitement cela ; mais comment
s'y prend-t-on, je vous prie, pour transmettre ces renseignements aux points d'où partent les aérostats ?

— C'est ici, me dit-il, que se révèle l'esprit inventif
des Chinois... A chaque observatoire, il y a un employé armé de plusieurs trompettes, donnant des sons
différents, au moyen desquels il signale toutes les
déviations de la sonde pour chaque altitude. Ces signaux acoustiques, partis de l'observatoire, sont répé-
és par des employés échelonnés jusqu'à la ville de dé-

part des navires aériens. Les renseignements arrivent ainsi avec une rapidité merveilleuse et sont mis à la disposition des capitaines et du public.

— Mais pourquoi, m'écriai-je, n'employez-vous pas pour cela le télégraphe électrique?... Je me souviens d'avoir vu, en 1851, à une exposition que nous avions l'outrecuidance d'appeler universelle et à laquelle cependant la Chine ne figurait pas, je me souviens, dis-je, d'avoir vu, sur une table, une carte de l'Angleterre, sur laquelle étaient de petites flèches mobiles placées comme des aiguilles de boussole sur les points noirs qui représentaient les principaux ports de la Grande-Bretagne. Chaque flèche correspondait réellement, avec l'un de ces ports, au moyen de fils électriques, et l'on voyait ainsi, d'un seul coup d'œil, par leur position, la direction du vent régnant dans chaque port. J'ai souvent examiné cette carte et je me disais qu'un pareil moyen, étant généralisé sur le continent, serait précieux pour arriver à la direction des aérostats, par la connaissance qu'il donnerait de l'état de l'atmosphère sur tous les points du continent à la fois. Je ne m'attendais guère, je vous assure, qu'un jour je pourrais vous en indiquer l'application, qui serait d'autant plus précieuse, que vous avez le moyen de savoir la nature des courants à différentes hauteurs.

— Tout cela est fort bien, me dit-il, mais je ne sais ce que vous entendez par votre télégraphe électrique.

Je m'efforçai alors de lui décrire ce précieux instru-

ment, et de lui en indiquer le fonctionnement et les
résultats ; mais soit à cause de mon insuffisance, soit
qu'il n'eût pas l'esprit préparé à cette ouverture, ne
connaissant rien d'analogue, il ne parut pas me comprendre.

—Croyez bien, me dit-il, que rien ne peut être auss
rapide que les signaux au moyen des trompettes ; rien
de plus simple, de plus certain, de plus commode, c'est
le dernier mot de la science.

Je ne jugeai pas à propos de chercher à lui démontrer qu'il était dans la plus profonde erreur ; je
crus employer mieux mon temps à le questionner sur
les choses qu'il pouvait m'apprendre et je lui dis :
vous avez peut-être raison ; du reste, nous reprendrons
ce sujet une autre fois si vous le désirez ; permettez-mo
aujourd'hui de continuer mes questions : Je comprends
bien que l'équipage qui veut se diriger vers le sud,
profite du moment où le vent du nord souffle au-dessus
de lui, mais si le point qu'il veut atteindre est au sud-
sud-est, faudra-t-il donc qu'il attende le vent nord-
nord-ouest.—Mon ami haussa les épaules...—J'y suis,
j'y suis ! repris-je aussitôt, on profite au départ du ve n
du nord ; puis, quand on a franchi une certaine distance, on s'élève ou l'on s'abaisse dans l'atmosphère
pour plonger dans un courant formant un angle avec
le premier. En répétant cette manœuvre plusieurs fois,
on atteint le but après avoir parcouru plusieurs côtés
d'un polygone irrégulier.

— C'est cela... il n'arrive pas souvent que l'on suive une ligne droite. Le talent des capitaines consiste à trouver la route qui doit les conduire le plus promptement au but du voyage et il n'est pas rare de les voir se diriger au départ vers l'est, ou vers l'ouest, quoique le point à atteindre soit au nord ; ils ont pour se guider les renseignements fournis par les observatoires, ainsi que je vous l'expliquais tout à l'heure et en outre, ils ont leurs sondes d'équipage, l'une appelée la sonde supérieure, planant au-dessus d'eux, et l'autre la sonde inférieure, suspendue au navire. Ils connaissent ainsi constamment l'état des courants au-dessus et au-dessous d'eux à toutes les hauteurs et ils les utilisent avec plus ou moins d'habileté.

— Très-bien ! je ne vous demanderai pas par quel moyen vous faites monter ou descendre vos navires, et comment vous les maintenez à une hauteur voulue, pour profiter du courant le plus favorable, ou le moins défavorable ; d'après l'aspect de vos aérostats complétement gonflés au départ, je crois deviner le moyen que vous employez : je ne serais pas surpris qu'il fût celui qu'un lettré de ma patrie, un membre de l'Institut de France indiqua, il y a plus de soixante-quinze ans à mes compatriotes, sans qu'ils aient su en profiter. Je réserve donc cette question, mais ce qui m'intrigue le voici : Sur mer, un capitaine de vaisseau, à l'aide de la boussole et du loch, connaît la vitesse et la direction de son bâtiment. Avec ces deux instruments, il trace sa route, il sait où il va, mais il n'en est plus de même pour le capitaine d'aérostat; la boussole ne peut lui servir, ni le loch non plus.

— Comment! la boussole ne peut lui servir? Je vous demande pardon, et je vous certifie que tous nos navires aériens sont munis d'excellentes boussoles et que sans cet instrument la navigation aérienne n'existerait pas. On peut s'en passer, à la rigueur, tant que l'on ne perd pas la terre de vue; mais il arrive très-fréquemment que, même à des hauteurs médiocres, un nuage, un brouillard épais, empêche les voyageurs aériens de pouvoir rien distinguer au-dessous d'eux. En outre, les ballons de grande exploration voyagent la nuit comme le jour et dans des pays souvent inconnus des capitaines; comment ceux-ci pourraient-ils se diriger s'ils n'avaient pas de boussole?

— Sans doute; mais j'avais toujours pensé que ce précieux instrument ne pouvait être utilisé en ballon. Je vous avoue que je ne sais pas pourquoi; mais si vous voulez bien me permettre de feuilleter quelques-uns des livres que j'ai emportés de Paris pour charmer les ennuis du voyage, je trouverai très-nettement énoncée cette opinion, que j'ai adoptée peut-être un peu trop légèrement.

Je courus à ma chambre, et je ne tardai pas à en rapporter un petit volume jaune (1), dans lequel l'histoire des ballons en Europe est faite avec beaucoup de

(1) *Exposition et histoire des principales découvertes scientifiques modernes*, par Louis Figuier: chez Victor Masson. Paris.

soin. En feuilletant un peu, je trouvai bientôt ce qui suit :

« Le problême qui nous occupe présente une seconde difficulté : c'est de connaître à chaque instant, et dans toutes les circonstances, la véritable direction de la marche du ballon; L'aiguille aimantée, qui sert de guide dans la navigation maritime, ne pourrait s'appliquer à la navigation aérienne. En effet, le pilote d'un navire ne se borne pas à consulter sur la boussole, la direction de l'aimant; il a besoin de comparer cette direction avec la ligne qui représente la marche du vaisseau: il consulte le sillage laissé sur les flots par le passage du navire, et c'est l'angle que font entre elles les deux lignes du sillage et de l'aiguille aimantée, qui sert à reconnaître et à fixer sa marche. Mais l'aéronaute, flottant dans les airs, ne laisse derrière lui aucune trace analogue au sillage des vaisseaux. Placé au-dessus d'un nuage, le navigateur ne peut plus reconnaître la route de la machine aveugle qui l'emporte : perdu dans l'immensité de l'espace, il n'a aucun moyen de s'orienter. Cette difficulté, à laquelle on songe peu d'ordinaire, est cependant un des obstacles les plus sérieux qu'aurait à surmonter la navigation aérienne; elle obligerait probablement les aéronautes, même en les supposant munis des appareils moteurs les plus parfaits, à se maintenir toujours en vue de la terre.

« On peut donc conclure de ce qui précède que, dans l'état actuel de nos ressources mécaniques, la d rection des aérostats doit être regardée comme un problème d'une solution impossible, »

—Voilà qui est fort bien déduit, me dit Kié-Fo ; votre auteur a sans doute raison chez vous , mais il aurait tort chez nous ; je vais vous le démontrer en vous expliquant la méthode chinoise.

N'est-il pas évident que si le navire aérien, qui est oblong, présente toujours l'arrière au courant qui le pousse, la ligne imaginaire passant de la poupe à la proue, indique sa direction. Or, vous n'êtes pas sans savoir qu'un bateau abandonné sur la rivière, sans rames, ni voiles, s'en va à la dérive, en tournoyant de côté et d'autre, mais que la moindre résistance produite à l'arrière lui fait prendre immédiatement *le fil de l'eau*. Eh bien ! il en est de même pour le navire aérien ; nous créons à l'arrière une petite résistance qui lui fait prendre le *fil de l'air* dans lequel il plonge.

— Comment pouvez-vous produire cette résistance ?

— Tout simplement par la rotation d'une hélice placée en poupe, assez semblable, pour la forme, à celles de vos bateaux à vapeur, mais très-légère, petite, et n'ayant pas une vitesse de rotation considérable ; car remarquez que sa fonction n'est pas de faire progresser le navire, mais seulement de créer une résistance très-minime qui détruise l'équilibre. Un homme, tournant une manivelle, suffit parfaitement à cette besogne.

— Ma foi ! je comprends cela. En effet, vos ballons étant allongés, il est facile de déterminer leur ligne

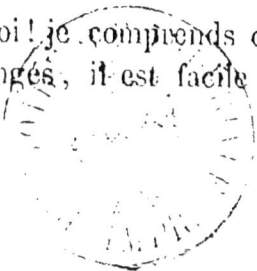

d'axe, passant de la proue à la poupe, ainsi que
l'angle que fait cette ligne avec l'aiguille aimantée. On
peut donc connaître la direction de la marche du navire
aérien. Voilà une question vidée ; mais il en reste une
autre non moins importante, c'est celle de la vitesse...
Comment, je vous prie, le capitaine peut-il déterminer la vitesse de son aérostat, flottant dans l'espace,
au milieu des brouillards qui cachent à sa vue la terre
et les astres ? Par quel procédé ou par quel instrument
remplacez-vous le loch ?

—Par un marteau.

—Comment, par un marteau?

—Oui, par un marteau et une lampe .

— Vous abusez de ma candeur.

— Pas du tout, je parle très-sérieusement... Ceci
est assez difficile à expliquer ; je vais essayer cependant, et je ne désespère pas de me faire comprendre
d'un barbare aussi intelligent que vous.

—Vous êtes bien bon, je suis tout oreilles.

—Vous avez vu partir ce matin, non pas un seul,
mais deux aérostats s'élevant ensemble. Un mince
câble de soie que la distance vous a empêché de voir,
reliait l'arrière du premier à l'avant du second ; c'est
ainsi que se font toutes les ascensions. Un aérostat ne
s'élève jamais seul ; l'équipage complet se compose
toujours de deux navires reliés par ce câble. Celui qui

est le plus près du vent, fait tourner son hélice pour retarder sa marche, tandis que celui qui est en tête, ne faisant pas cette manœuvre, avance plus vite, et s'écarte de son compagnon ; le câble qui les relie, affecte bientôt une certaine courbe que l'œil exercé du capitaine sait reconnaître. Les deux ballons sont alors à trois cent soixante mètres l'un de l'autre. Cette distance (qui est comme vous le savez, sans doute, parcourue par le son, en une seconde) est soigneusement maintenue pendant tout le voyage, car c'est d'elle que dépend l'exactitude des calculs qui donnent la vitesse de translation. A l'avant du deuxième navire, est placé un individu armé d'un marteau, c'est le *frappeur* ; à l'arrière du premier est le *marqueur*, ayant devant lui un large disque semblable à un cadran d'horloge armé d'une seule aiguille et divisé en trois cents soixante degrés. On met cette aiguille en marche instantanément, en pressant sur un bouton et on l'arrête en laissant celui-ci se relever. L'aiguille accomplit le tour complet du cadran en une seconde ; de minute en minute le *marqueur* crie au *frappeur* : Va ! Aussitôt celui-ci frappe sur une plaque de métal qui s'abaisse instantanément sous le choc et découvre la flamme d'une lampe ; le marqueur, dès qu'il aperçoit celle-ci, presse le bouton du cadran : l'aiguille marche et dès qu'il entend le bruit du coup de marteau, il quitte le bouton, l'aiguille s'arrête.

Si les deux aérostats plongent dans un air parfaitement tranquille, ils sont conséquemment dans un repos absolu: le temps qui s'écoule pour le *marqueur* entre le moment où il aperçoit la lueur de la lampe et celui où il entend le bruit du coup de marteau, est exactement d'une seconde, puisque la distance qui le sépare du frappeur est de 360 mètres. Pendant ce temps l'aiguille a fait un tour complet et se retrouve à son point de départ, où elle s'arrête, si le marqueur a pressé et lâché le bouton juste à temps.

Mais si les aérostats sont en mouvement, le bruit du choc met d'autant plus de temps à arriver à l'oreille du marqueur, que la marche des aérostats est plus rapide ; lorsqu'il arrête l'aiguille, elle a déjà entamé un deuxième tour de cadran sur lequel elle a parcouru d'autant plus de degrés, que la vitesse de l'équipage est plus grande et celui où elle est arrêtée indique la vitesse des aérostats, c'est-à-dire le nombre de mètres qu'ils parcourent dans l'espace, en une seconde. Ainsi pour prendre un exemple, supposons que la vitesse du courant d'air dans lequel l'équipage navigue, soit de *dix mètres* par seconde (36 kilomètres ou 9 lieues à l'heure) ce qui correspond à une forte brise, l'aiguille atteindra la *dixième division*, au moment où le marqueur percevra le bruit du choc...

—Je comprends ! je comprends ! m'écriai-je. Comment, n'est-ce que cela ! c'est simple comme bonjour ! On doit avoir ainsi des résultats assez justes à la condition pourtant, que le marqueur mette l'aiguille en marche, au moment même où il aperçoit la flamme de la lampe, et qu'il l'arrête juste quand il entend le choc.

— Sans doute, aussi les bons *marqueurs* sont-ils très-rares et très-recherchés.

—Le marqueur est-il toujours assuré d'entendre le frappeur à cette distance assez considérable de 360 mètres ?

—Certainement, car les voyageurs aériens sont plongés dans un calme parfait ; le courant qui les entraîne, si rapide qu'il soit, n'est pas sensible pour eux ; il n'agiterait pas la flamme d'une bougie, puisqu'ils vont du même train que lui.

—Pourquoi cette lampe ? le marqueur voit le geste du frappeur, cela doit suffire.

—Cela suffirait le jour, par un beau temps, mais la nuit ou par un temps sombre, on ne verrait rien ; la flamme de la lampe elle-même ne suffirait pas toujours si elle n'était armée d'un réflecteur. D'ailleurs, je ne vous indique que le principe de l'instrument, basé sur la combinaison de la vitesse de la lumière qui est presque instantanée (1) à la distance de 360 mètres, et celle du son qui est de une seconde à cette même distance. Je néglige beaucoup de détails que nous pourrons examiner sur place... Mais vous m'avez fait oublier que l'on m'attend... Je vous laisse. Tenez-vous prêt pour demain matin ; nous partirons de bonne heure, car on profite dans cette saison du vent de mer qui souffle au soleil levant, afin d'être poussé vers l'intérieur. »

(1) D'après M. Foucault, la vitesse de la lumière est de deux cent quatre-vingt-dix-huit millions de mètres par seconde, à cinq cent mille mètres près.

J'étais abasourdi... En quelques instants les principes de la navigation aérienne m'étaient révélés! Ce problème, réputé insoluble en Europe, par les meilleurs esprits, ou tout au moins d'une réalisation très-douteuse, je le trouvais résolu dans le Céleste-Empire, et appliqué sur une vaste échelle. Je me rappelais les efforts tentés, toujours sans succès, sur notre continent, tandis que les Chinois, plus heureux que nous, voguent depuis longtemps dans l'atmosphère et s'y dirigent presque à leur gré.

Ce n'est pas que l'art de l'aéronautique me parut arrivé à sa dernière perfection dans ce pays, qui semble en être le berceau. Le peu que je venais d'apprendre, m'avait déjà laissé entrevoir le rôle important que l'électricité pourrait y jouer et le progrès immense que cet agent inconnu des Chinois y viendrait accomplir. Avec quelle facilité, par exemple, ne pourrait-on pas transmettre d'une manière permanente les indications des moindres variations atmosphériques, sur tous les points de l'Europe sillonnée de fils télégraphiques! Le moyen de reconnaître la vitesse de translation des ballons, me parut aussi pouvoir être singulièrement amélioré par le fil électrique. Cette combinaison des vitesses différentes du son et de la lumière pour déterminer celle des ballons, me parut fort ingénieuse, mais je pensai que la lumière serait avantageusement remplacée par l'électricité dont la spontanéité n'est pas moins grande et qu'avec cet agent merveilleux, on pourrait disposer un appareil plus commode que celui que Kié-Fo venait de me décrire. Cette idée m'occupe toute la journée et une partie de la nuit et lorsque mon ami me fit prévenir dès le point du jour, qu'il m'attendait pour partir, j'avais mon système que je demande au lecteur la permission de lui décrire, car tout ce que j'ai vu depuis, m'a confirmé dans la bonne opinion que j'en eus tout d'abord.

Que l'on veuille bien se figurer, à la place du Chinois armé d'un marteau et d'une lampe, que l'on se figure, dis-je, un timbre placé à l'avant du deuxième aérostat et mis en communication par un fil électrique, avec l'aiguille du cadran placé à l'arrière du premier. Je conserve au cadran sa division en 360 parties et à l'aiguille sa vitesse de un tour par seconde ; je suppose que sa rotation, au lieu d'être intermittente comme dans le système chinois, lui est donnée d'une manière régulière et continue par un mouvement d'horlogerie. Admettez maintenant que l'aiguille fait sonner le timbre en interrompant le circuit électrique, chaque fois qu'elle passe devant le premier degré du cadran. N'est-il pas évident que la division devant laquelle elle sera au moment où le marqueur entendra le bruit du timbre, indiquera la vitesse de l'équipage ?

Et pour dispenser le marqueur d'observer constamment a marche de l'aiguille, obligation qui réagirait d'une manière fâcheuse sur l'exactitude des observations, par l'attention soutenue qu'elle exigerait, supposez un autre petit timbre que le marqueur puisse promener autour du cadran et que l'aiguille fasse sonner en le touchant au passage. En tâtonnant un peu, il ne tarderait pas à placer ce petit timbre en un point de la circonférence du cadran où les sons des deux timbres se confondraient à son oreille, et le nombre de degrés correspondant à ce point, indiquerait la vitesse... Je crois en avoir dit assez pour être compris des lecteurs compétents.

II

Présomption des Chinois. — Mon premier voyage. — Embarcadère de Fout-Chéou. — Plaine do halage. — Description de l'aérostat et de ses appendices. — Stalle du veilleur. — Stalles des voyageurs. — Cabine centrale. — Nous entron dans nos stalles. — On nous tare. — On nous hisse. — C fixe nos palans. — Nous quittons l'embarcadère.

J'étais tellement rempli de mon sujet, lorsque j'abordai mon ami le mandarin, que je me mis en devoir de le lui communiquer; mais aux premiers mots, il m'interrompit avec douceur, quoiqu'avec une certaine fermeté qui me déconcerta.

—Je vous excuse, me dit-il, parce que vous n'êtes pas Chinois; vous avez une manière d'envisager les choses qui ne sont pas les nôtres et qui vous font errer. Apprenez donc, mon jeune ami, que notre souverain est Fils du Ciel, et par cela même, infaillible... ses ministres participent de son infaillibilité...Si ce que vous appelez l'électricité était une chose raisonnable et qui put s'appliquer à la navigation aérienne, sachez bien qu'ils n'auraient pas manqué d'en tirer parti. Ne cherchez donc pas, dans les grossiers procédés des Barbares, de prétendus perfectionnements à cette navigation aérienne dont ils ne connaissent pas le premier mot.

Cette apostrophe me plongea dans une foule de réflexions qui m'ôtèrent toute envie de répliquer. Aussi, mon ami, charmé de ma docilité, reprit aussitôt sa belle humeur.

—Allons, me dit-il, prenez cette douillette en soie, c'est un vêtement chaud et léger, indispensable aux voyageurs aériens, car on atteint parfois des hauteurs où le froid est très-vif.

Nous partîmes, nos douillettes sur le bras, humant l'air frais et vivifiant du matin. Nous atteignîmes bientôt la clairière dont j'ai parlé, puis le monticule boisé d'où j'avais vu s'élever la veille les ballons qui m'avaient si fort charmé.

Nous pénétrâmes dans ce bois par une route, bordée de chaque côté de talus élevés et nous arrivâmes bientôt sur le bord d'un vallon circulaire et profond ébauché par la nature, mais évidemment terminé par la main des hommes, tant la forme en était régulière et complète; le fond de ce vallon me parut avoir un kilomètre de tour et plusieurs centaines de mètres de profondeur.

Dans cet immense cirque, il y avait au moment où nous arrivâmes une dixaine d'aérostats d'une blancheur éclatante, tous immobiles et tournés dans la même

2

direction. Huit routes pareilles à celle où nous étions, étaient taillées dans le talus boisé, sorte de rempart qui entourait le vallon. Elles étaient tracées à distance égale l'une de l'autre, et convergeaient au même centre ; chacune d'elles aboutissait à une plate forme mobile, disposée pour glisser à volonté jusqu'au fond du vallon. Une route circulaire donnait accès à un grand nombre d'escaliers.

—Ceci, me dit Kié-Fo, après avoir joui un instant de ma surprise, ceci est le lieu d'embarquement ; chaque ville importante a le sien. Ils ne sont pas tous aussi spacieux, mais tous sont disposés d'après les mêmes règles que l'expérience des siècles a fixées. Leur forme d'entonnoir a pour objet de soustraire les aérostats à tous les vents, lorsqu'ils sont amarrés, car l'air est toujours tranquille au fond de ce vallon artificiel. Le talus très-élevé qui le couronne en augmente encore la profondeur et le protége très-efficacement contre tous les vents.

Le terrain un peu aride que nous avons traversé est la plaine de hâlage dont l'utilité vous sera bientôt démontrée. Ce vallon en occupe le centre ; le sol de la plaine de hâlage comme vous l'avez remarqué, est parfaitement uni et ferme. Vous n'y avez point vu de fossés pour l'écoulement des eaux. Ils existent cependant et en grand nombre, afin que le terrain soit toujours praticable par tous les temps, mais ils sont recouverts, afin que les manœuvres d'atterrage s'opèrent sans difficultés. C'est aussi pour cela que vous

n'y voyez point d'arbres et que toute la végétation
consiste en une herbe assez clair-semée, broutée par
des troupeaux de moutons inoffensifs... Dépêchons-nous
de descendre, car de tous ces aérostats il n'y en aura
peut-être plus un seul dans une heure ; le vent de mer
s'élève et les voyageurs arrivent.

Je voyais en effet surgir des huit routes aboutissant
au bord du vallon de nombreux piétons armés comme
nous de la douillette. Nous gagnâmes les escaliers et
nous fûmes bientôt au fond de la vaste enceinte dont le
nom chinois correspond assez bien à celui d'*embarca-*
dère.

Cet embarcadère donc, est disposé pour recevoir
cinq équipages à la fois, c'est-à-dire dix aérostats
(on se souvient qu'un équipage se compose toujours
de deux aérostats.) Nous avisâmes le plus rapproché de
nous et à peine fûmes-nous arrivés dans la salle d'attente
correspondante, qu'on nous fit passer dans la cour d'embarquement. Au centre de cette cour, je vis un chariot à quatre roues, très-bas et massif, au milieu duquel était un panier circulaire semblable aux nacelles
de nos ballons européens. De ce panier qui paraissait
fixé au chariot, s'élevaient quatre cordages allant s'accrocher par leur extrémité supérieure, à une flèche en
bois reliée au filet de l'aérostat qui planait immobile
au-dessus de nous.

En l'examinant plus attentivement, je vis qu'il
n'avait pas la forme d'un œuf comme je l'avais
cru d'abord, mais bien celle d'un cylindre terminé de
chaque bout par un cône. A la flèche qui est aussi

que l'aérostat et le touchant presque, sont attachés à des distances égales, les quatre cordages dont je viens de parler, ainsi que les stalles des voyageurs également espacées sur toute la longueur. J'en comptai dix, en me demandant s'il était bien facile d'y arriver, car elles étaient à dix mètres au-dessus de nos têtes et de chacune d'elles pendait une corde qui arrivait jusqu'à terre. Au milieu de la longueur de la flèche était suspendue une cabine plus grande que les stalles; c'était une espèce de guérite circulaire, occupant le centre du système et communiquant à l'aérostat par un gros tuyau qui me parut en toile imperméable.

— L'homme que vous voyez en faction dans la nacelle qui tient au chariot, me dit Kié-Fo, c'est le *veilleur*.

—Très-bien, à quoi veille-t-il?

—A ce que l'aérostat présente toujours sa poupe au vent; la nacelle est montée à pivot sur le chariot; cet homme la fait virer très-facilement. Dès que le vent change, il s'en aperçoit à ses quatre cordages qui ne se dégauchissent plus entre eux, c'est-à-dire qu'ils ne sont plus placés dans un même plan vertical; la proue tire du côté où le vent la pousse, elle tend à faire pivoter sur elle-même la nacelle du veilleur, car vous remarquez qu'elle est suspendue verticalement au-dessous de la poupe. Celui-ci aide au mouvement de rotation afin que l'aérostat présente toujours l'arrière au vent et jamais le flanc: de cette manière l'immense machine ne fatigue pas. C'est ainsi que l'on peut prendre terre en rase campagne, et s'arrêter par un grand vent, sans risquer que le ballon soit détérioré. Remarquez, ajouta-t-il, que le premier cordage descendant de la poupe est presque vertical; c'est pour ainsi dire l'axe de rotation du système, la tige de la girouette, tandis que le quatrième cordage représente l'hypoténuse d'un triangle rectangle, dont la flèche en bois forme un des deux autres côtés qui est toujours horizontal. Les deux brins intermédiaires ont pour unique objet d'empêcher la flèche de ployer sous l'effort d'ascension que l'aérostat exerce sur elle. »

Le capitaine donna un coup de sifflet et aussitôt des aides prirent les cordages qui pendaient des stalles, et les firent descendre rapidement jusqu'à un pied de terre; chacune d'elles était disposée pour recevoir deux personnes. Les voyageurs s'approchèrent; on procéda par ordre. D'abord deux hommes pour la manœuvre s'introduisirent dans la cabine centrale, puis on ouvrit la première stalle à droite de la cabine et deux dames élégantes y montèrent en souriant, ce qui me donna de l'assurance. Nous entrâmes dans la stalle de gauche; les autres se garnirent successivent du centre aux deux extrémités. La stalle de proue ou d'avant fut occupée par le capitaine et son lieutenant; celle de poupe ou d'arrière par le marqueur et son second.

— Nous allons donc partir, dis-je à Kié-Fo.

— Pas encore; on va nous hisser tous jusqu'à la

2.

flèche, et nous y attacher solidement ; mais, avant cela, il faut que l'on nous tare ; l'aérostat est construit pour enlever seize cents kilogrammes de poids utile, voyageurs et marchandises, et la charge doit être uniformément répartie. Chacune des dix stalles doit donc être chargée de cent soixante kilog. Elles sont toutes à cadran-compteur, et munies, sous le siége, d'un réservoir d'eau pouvant contenir cent soixante litres. L'aiguille du compteur indique le poids des individus ou des marchandises contenus dans la stalle, et l'on introduit, dans le double fond ou réservoir la quantité d'eau nécessaire pour atteindre la charge réglementaire. »

Deux aides vinrent bientôt près de nous, fermèrent notre portière avec soin, examinèrent notre compteur, et introduisirent, dans le réservoir, une certaine quantité d'eau, puis ils passèrent à nos voisins. L'opération terminée, on nous hissa jusqu'à ce que le dessus de notre stalle vint toucher la flèche. Nous étions ainsi suspendus à dix mètres du sol, et je me croyais déjà parti ; mais il restait en bas une stalle inoccupée. On attendit quelque temps, dans l'espoir qu'il viendrait encore un, ou peut-être deux voyageurs, mais il n'en vint pas ; sur l'ordre du capitaine, on remplit d'eau le réservoir de cette stalle, pour qu'elle pesât comme si elle était occupée et on la hissa comme les autres.

Je me souviens d'avoir vu, dans ma belle patrie, des images représentant des projets de navires aériens, dans lesquelles étaient figurés, sur une longue plateforme, des voyageurs en grand nombre, qui paraissaient s'y promener fort allègrement. En Chine, on a plus de souci de ce qui pourrait advenir, si par hasard un certain nombre de passagers s'avisaient de se porter, tous ensemble, soit à l'avant, soit à l'arrière du navire. Mon ami Kié-Fo prétend qu'il prendrait alors une inclinaison fort comique, mais non moins dangereuse et que c'est pour éviter toute perturbation de ce genre que les Chinois ont adopté les stalles séparées, qui ont en outre l'avantage de diminuer le poids inutile.

— Cela se mitonne, me dit Kié-Fo. Pendant que l'on nous dispose ainsi, on en fait autant là-bas, car cet aérostat que vous voyez planer au-dessus du bâtiment voisin, est celui qui nous accompagnera. Vous pouvez apercevoir, flottant dans les airs, le câble qui réunit les deux ballons. Le nôtre est celui d'avant ; il est monté par le capitaine et par le *marqueur* ; l'autre, par le *frappeur* et par le *sondeur*, ainsi que vous pourrez le vérifier vous-même tout à l'heure.

— Notre *veilleur*, que j'aperçois toujours dans son panier, ne va donc pas être bientôt hissé comme nous ?

— Non, il reste constamment à dix mètres au-dessous. C'est lui qui est chargé de jeter l'ancre quand l'équipage prend terre ou quand il se fait remorquer. C'est lui qui, au signal du capitaine, va détacher tout à l'heure sa nacelle du chariot, et nous donnera la volée.

J'entendis presque à mon oreille un petit grincement

qui me fit lever les yeux et je vis une chaînette glisser le long de la flèche.

— On consolide nos attaches, me dit Kié-Fo, il n'y a plus de danger que les palans qui suspendent les nacelles se déroulent ; nous allons partir.

Un coup de sifflet prolongé se fit entendre du ballon voisin. Notre capitaine y répondit par un semblable et cria au veilleur : Lâche tout !...

Aussitôt nous fûmes enlevés perpendiculairement avec rapidité, et le talus boisé qui entourait l'embarcadère me parut bientôt comme une couronne de feuillage.

Je renonce à dépeindre le sentiment d'aise et d'admiration qui me pénétra, lorsque, arrivé à la hauteur de quelques centaines de mètres, notre aérostat se mit à planer majestueusement dans l'espace.

III

Composition de l'équipage. — Le plaisir des dames. — Un poitrinaire qui se soigne. — Le commis marchand. — Deux officiers aérostiers. — Projet de voyage au Pôle. — Opinion de
Franklin. — Défense absolue aux aéronautes chinois de venir
en Europe.—Un instant de frayeur.—Dans les nuages.—Frappeur et marqueur. — Procédé chinois pour s'élever et se maintenir à des hauteurs déterminées sans perte de gaz ni de lest.
— Le même qui fut indiqué en France en 1783. — Ascension
du duc de Chartres (Philippe-Égalité).

— Eh bien ! qu'en pensez-vous? me dit Kié-Fo,
croyez-vous encore qu'il faille beaucoup de courage
pour voyager avec nos navires aériens? Ne vous sen-
tez-vous pas plein de sécurité?

— Oui, oui, et quel air pur et tranquille ! Je res-
pire plus à l'aise, mes poumons se dilatent, j'éprouve
un sentiment de bien être indéfinissable.

— N'est-ce pas?... Tout être vivant ressent cette
impression dans les régions moyennes et je jurerais
que l'excursion de nos deux jolies voisines n'a d'autre but que de jouir de cet état pendant quelques heures.
Les dames sont très-friandes de ce mode délicieux de
promenade, qui n'a aucun des inconvénients que l'on
éprouve sur la terre ou sur l'onde. Nous n'avons ici ni

cahots, ni poussière, ni mal de mer, point de danger de sombrer, de verser ou d'accrocher.

— Il n'y a que celui d'être précipité à terre.

— Non pas, ce danger n'existe pas ; quelle cause pourrait déterminer une chute ? L'aérostat ne fatigue pas ; il va comme le vent le pousse ; étant toujours gonflé, sa surface lisse et bien tendue ne risque pas de se déchirer ; il est peint en blanc, afin que les rayons du soleil ne produisent pas d'excès de pression intérieure, et, dût-il s'en produire, que le capitaine a des moyens de les connaître, de les suivre de l'œil pour ainsi dire et d'y remédier. En outre, le ballon n'approchant jamais à moins de dix mètres de terre, il court peu de risques d'avaries, et quand il se déclare des parties faibles dans l'enveloppe, l'administration en est prévenue à temps, car les aérostats sont souvent visités. Nous irons voir les ateliers de construction et de réparations et après cette visite, vous serez rassuré, je l'espère.

— Je le suis déjà et complètement, je vous assure... Voilà devant nous un voyageur qui paraît bien faible ; il a sans doute des raisons impérieuses qui l'obligent à voyager dans un pareil état.

— C'est un poitrinaire qui se soigne, il fait deux voyages par semaine ; bientôt il aura la force d'en faire trois et il sera guéri.

— Les voyages aériens possèdent donc des vertus thérapeutiques.

— Sans doute... tous nos docteurs sont d'accord sur ce point et leur opinion est basée sur des résultats nombreux et bien avérés ; seulement c'est un traitement qui coûte cher, il n'y a que les gens riches qui peuvent se l'administrer.

— Et ce petit homme tout sec que j'aperçois seul dans sa stalle ?... il n'a pas l'air de s'y amuser.

— C'est le commis-voyageur d'une maison importante qui fait le commerce des objets précieux tels que les bijoux en filigrane d'or et d'argent, les images sur papier de riz, les fins tissus de soie brochés d'or ; toutes ces marchandises ont une grande valeur et pèsent fort peu. Nos marchands trouvent de l'économie à les faire voyager ainsi. On choisit pour cet emploi des hommes petits et maigres afin d'économiser le poids. Cet employé a loué la stalle entière qui correspond à une charge de cent soixante kilog. et comme il ne pèse guère que cinquante kilog., il peut emporter avec lui cent dix kilogr. de marchandises, ce qui représente une certaine valeur ; je suis bien certain qu'il n'y a pas une seule goutte d'eau dans le double fond de sa stalle.

— Et ces deux jeunes gens en uniforme ?

— Ce sont deux officiers aérostiers de l'État, qui vont probablement rejoindre leur navire à la ville de Nant-Chang où nous allons. La distance à vol d'oiseau entre Fout-Cheou et Nant-Chang est de cent lieues environ. Nous y serons vers midi si le vent est bon.

— Vous avez donc une flotte aérienne de l'État ?

— Certainement, les ballons de l'État ont pour objet principal les missions scientifiques ; ils sont montés par des officiers préparés dans des Écoles spéciales à ce service, qui est très-recherché. Les excursions aéronautiques fournissent les plu s utiles renseignements. La géographie, la géologie, l'astronomie, la météorologie, l'histoire naturelle des trois règnes et beaucoup d'autres sciences leur doivent les documents les plus précieux. Il n'est pas une de nos montagnes, si élevée et si escarpée qu'elle soit, qui n'ait été visitée, explorée, étudiée de toutes les manières par les savants chinois au moyen de nos ballons. On cite des voyages en assez grand nombre qui ont été poussés par de hardis navigateurs jusque sous les tropiques dans des contrées où l'on ne pourrait pénétrer autrement à cause des dangers et des fatigues de toutes sortes qui viendraient assaillir les voyageurs par la voie de terre, et aussi à cause de l'excessive chaleur qui règne sous ces latitudes, mais qui ne se fait pas sentir dans les couches supérieures de l'atmosphère. On projette même une excursion jusqu'au pôle. J'ai sur moi un numéro de la *Gazette de Pékin* qui contient un article très-intéressant sur ce sujet. Si vous le désirez, je vous en lirai le passage le plus saillant.

— Je vous en serai très-reconnaissant.

— Voici : « Parmi les voyageurs qui ont tenté le « voyage par le nord ou qui ont voulu aller jusqu'au « pôle et qui se sont vus arrêtés par les glaces, il y en a « qui ont projeté de faire des bâtiments qui puissent vo-

« guer sur la glace même et d'autres qui ont proposé de
» faire de petits bateaux que l'on pût traîner sur les-
« quels ont pût aussi s'embarquer pour traverser chaque
« espace que la mer laisserait de libre.

« S'il s'est trouvé des hommes assez téméraires pour
« former de semblables projets, pourquoi ne s'en trou-
« verait-il pas un assez hardi pour oser passer par-dessus
« les glaces, porté par une machine aérostatique et tenter
« ainsi de pénétrer jusqu'à ce point du globe si inconnu
« et pourtant si curieux, où tous les mouvements cé-
« lestes doivent se montrer sous des apparences si diffé-
« rentes de celles sous lesquelles nous les voyons et où
« tous les phénomènes de l'aimant doivent cesser ou
« prendre des formes si nouvelles? Il n'y a pas quatre
« cents lieues à faire pour aller au pôle et pour en reve-
« nir, en partant du point où les glaces nous arrêtent ;
« un vent favorable pourrait donc y conduire et en ra-
« mener en deux jours, et si dans ces climats il existait
« deux courants d'air, l'un au-dessus de l'autre, dont
« l'un portât vers le pôle et dont l'autre eut une direction
« opposée, où serait l'impossibilité de voir un jour réussir
« une tentative qui paraît au premier coup-d'œil aussi
« chimérique. D'après une expérience faite par un de
« nos savants, il est en effet très-vraisemblable qu'il
« existe un courant d'air supérieur allant de l'équateur
« au pôle et un inférieur allant du pôle à l'équateur. De
« plus, il y a certainement un flux et un reflux dans
« l'air ainsi que dans la mer et par conséquent un mou-
« vement alternatif du pôle à l'équateur et de l'équa-
« teur au pôle. »

—Ainsi vous voyez, me dit Kié-Fo, en repliant son journal, que cette idée de visiter les pôles en ballon travaille les esprits et je ne serais pas surpris que d'ici à peu de temps l'entreprise fut tentée.

— Quel qu'en soit le résultat, cette excursion sera glorieuse pour le pays qui l'aura tentée le premier ; mais puisque vos navires font des voyages aussi lointains, je me demande comment il se fait que nous ne les ayons jamais vus en Europe.

— Votre petit pays ne vaut guère la peine que l'on s'en occupe ; les barbares, soit dit sans vous offenser, ne sont point en honneur chez nous' et nos gouvernants, persuadés que les Chinois ne rapporteraient d'Europe que des idées très-pernicieuses, défendent, sous peine de mort, aux aéronautes de visiter cette petite agglomération d'hommes vicieux et batailleurs, dit-on, que la Providence a relégués dans un coin perdu de la terre, dont le Céleste-Empire occupe le Milieu !

— Les Européens, croyez-le bien, ne sont ni aussi vicieux, ni aussi batailleurs que vos gouvernants vous le disent et s'ils vous permettaient de nous visiter, d'étudier nos mœurs, vous changeriez certainement d'opinion.

— A vous parler franchement, c'est aussi mon avis, mais je me garde bien de le dire tout haut, car je me ferais fourrer en prison ; un temps viendra sans doute, où les idées se modifieront, mais il n'est pas encore venu.

— Je souhaite qu'il arrive bientôt pour le bonheur du genre humain...

En devisant de la sorte, nous franchissions rapidement l'espace. De la faible hauteur où nous nous maintenions, je voyais la campagne fuir au-dessous de nous.

Un coup de sifflet interrompit notre conversation ; j'interrogeai Kié-Fo du regard.

— Le capitaine, me dit-il, ordonne au tourneur d'hélice, posté à l'arrière du navire qui nous suit, de commencer la manœuvre. Depuis notre départ, les deux aérostats sont restés à une distance indéterminée l'un de l'autre. N'ayant pas perdu la terre de vue, le capitaine qui connaît parfaitement ces contrées, n'a pas eu besoin de ses instruments pour s'orienter. Mais il paraît que nous allons chercher dans des régions plus élevées un autre courant et alors il lui faudra consulter la boussole et le cadran marqueur des vitesses pour se guider. Vous pouvez apercevoir d'ici l'hélice en mouvement à l'arrière du second navire, dont elle ralentit la marche, nous prenons de l'avance sur lui. Voilà le câble tendu comme il doit l'être ; les deux aérostats sont maintenant à 360 mètres l'un de l'autre.

Tout-à-coup, un sifflement sourd se produisit tout près de nous. J'avoue que j'eus un instant de frayeur, je pensais que notre ballon était crevé.

—Rassurez-vous, me dit mon ami qui vit mon trouble; on lâche une partie de l'air atmosphérique qui était emmagasiné dans les ballons, nous allons monter d'un millier de mètres.

Nous montâmes en effet et quand le bruit cessa, nous étions dans les nuages, la terre avait disparu à nos yeux. Aussitôt le frappeur se leva à son poste, à l'avant du ballon qui nous suivait; de minute en minute, je voyais briller la flamme de sa lampe, et un instant après j'entendais le coup de son marteau; le marqueur placé à l'arrière de notre navire appelait à haute voix les vitesses indiquées par son cadran, et le lieutenant du capitaine, placé à la proue les notait à mesure.

—C'est très-bien, pensais-je, mais mon système électrique serait encore mieux.

— Ainsi nous sommes montés, dis-je à Kié-Fo, par l'effet de l'échappement d'une certaine quantité d'air atmosphérique que l'on avait renfermé d'avance dans le ballon et quand il faudra descendre, les manœuvres qui sont dans la cabine centrale y lanceront de nouvel air au moyen d'une pompe à air ou de quelque instrument semblable.

—C'est cela même; qui vous a donc si bien instruit?

—Je vous l'ai déjà dit : ce moyen que vous employez en Chine, et dont je viens de voir l'efficacité, a été imaginé et proposé en France, il y a plus de quatre-vingts ans. Il fut même essayé à cette époque, mais ce premier essai n'ayant pas réussi, on chansonna les expérimen-

tateurs qui venaient de risquer leur vie, et l'on se
garda bien de renouveler l'expérience, car nos chers
compatriotes oublient souvent que les pauvres humains
n'arrivent qu'à tâtons et en trébuchant beaucoup, aux
résultats qu'ils entrevoient et qu'ils poursuivent. Ces
deux vers de leur immortel fabuliste s'appliquent ad-
mirablement au premier réalisateur d'une idée nouvelle :

> Il s'y prit d'abord mal, puis un peu mieux, puis bien ;
> Puis enfin il n'y manqua rien.

Or nos aéronautes parmi lesquels il y avait un
prince du sang (1) s'y prirent d'abord mal et on les
maltraita au lieu de les encourager à de nouveaux
essais. L'idée qu'ils tentèrent d'appliquer avait fait
l'objet d'un savant mémoire présenté par son auteur à
l'Académie française et très-favorablement accueilli
par cette illustre assemblée ; l'échec que ces hommes
courageux éprouvèrent au début, fit rentrer cette idée
dans l'oubli pendant plus d'un demi-siècle, et elle y
serait restée longtemps encore, sans doute, si, vers 1840
un écrivain distingué qui en était alors à ses débuts,
n'avait eu la bonne pensée de rechercher le mémoire
enfoui dans les archives d'une bibliothèque et de le
publier. C'est grâce à lui que je comprends aujourd'hui
le procédé chinois pour se maintenir en l'air à des hauteurs déterminées, et je suis convaincu que c'est le
même que celui qui fut imaginé en France en 1783.

Ici je crois devoir suspendre mon récit et ouvrir
une parenthèse pour faire place au document auquel je

(1) Le duc de Chartres (Philippe-Égalité).

faisais allusion en parlant à Kié-Fo, car il donne une idée très-nette et très-précise des conditions de stabilité dans les couches supérieures de l'atmosphère, conditions généralement ignorées et qu'il est pourtant indispensable de connaître pour aborder avec quelque fruit l'intéressante question de la navigation aérienne.

Voici ce mémoire tel qu'on le trouve dans l'*Histoire des principales découvertes scientifiques modernes* (page 395).

IV

Mémoire du général Meunier, membre de l'Académie des sciences. — Calculs relatifs à l'aérostat chinois.

Mémoire sur l'équilibre des machines aérostatiques, sur les différents moyens de les faire monter et descendre, et spécialement sur celui d'exécuter ces manœuvres, sans jeter de lest et sans perdre d'air inflammable, en ménageant dans le ballon une capacité particulière destinée à renfermer de l'air atmosphérique, présenté à l'Académie, le 3 novembre 1785, avec une addition contenant une application de cette théorie au cas particulier du ballon que MM Robert construisent à Saint Cloud, et dans lequel ce moyen doit être employé pour la première fois; par M. Meunier, lieutenant en premier au corps royal du génie, et de l'Académie royale des sciences.

Lorsque, pour faire descendre une machine aérostatique, on donne issue à l'air inflammable qui y est renfermé, on ne fait autre chose que diminuer son volume aux dépens du fluide qui en avait occasionné l'ascension ; elle ne déplace plus dès-lors dans l'atmosphère un poids d'air égal au sien propre, et l'excès de pesanteur qu'elle acquiert par ce moyen la détermine à s'abaisser. Mais si l'on considère qu'à mesure qu'elle atteint des couches de l'atmosphère plus basses que le point dont elle est partie, la pression plus grande qui y règne diminue de plus en plus le volume de l'air inflammable qui y était demeuré , et précisément dans le même rapport que la pesanteur spécifique de l'air environnant augmente, on verra que le poids de l'air déplacé par le ballon demeure exactement le même jusqu'à ce qu'il atteigne la surface de la terre, et que l'excès de pesanteur qui en avait occasionné la première descente, subsistant ainsi à toutes sortes de hauteurs, il est impossible que la machine se retrouve jamais en équilibre. Il n'est donc plus permis de s'arrêter dès qu'on a commencé à s'abaisser ainsi, et ce moyen, seul employé jusqu'ici, peut bien servir à revenir à terre, mais il ne peut aider à choisir dans l'air la hauteur que les circonstances pourraient rendre la plus convenable.

On ne remplira pas mieux cet objet, de choisir une hauteur déterminée, en combinant la déperdition du lest avec celle de l'air inflammable. Dès que la machine n'est remplie qu'en partie, comme le demande la supposition qu'on ait évacué une portion de l'air inflammable qu'elle renfermait , l'équilibre qu'elle obtiendra ainsi ne l'assujettira pas à occuper une position unique. On déduit au contraire des principes exposés ci-dessus, que l'égalité entre le poids de toute la machine et celui de l'air qu'elle déplace aura lieu indifféremment à toutes sortes de hauteurs, depuis le niveau de l'horizon jusqu'au point où la diminution de la densité de l'air environnant permettrait à l'air inflammable de remplir totalement la capacité du ballon. Il y aura donc une latitude très-grande, dans laquelle une machine aérostatique, réduite aux moyens dont il s'agit, ne pourra prendre qu'une position fortuite et indépendante des navigateurs qu'elle portera.

Il résulte de ces réflexions que la méthode usitée jusqu'ici pour faire descendre et monter les machines aérostatiques n'a pas seulement l'inconvénient qu'on lui avait déjà reproché, de mettre en peu de temps l'aérostat hors d'état de naviguer, en consommant successivement l'air inflammable et le lest, desquels dépend toute sa manœuvre ; elle rend encore sa position continuellement variable et chancelante ; et si l'on examine même plus particulièrement l'état actuel de ces machines, on verra que, sans qu'il soit question de monter ni de descendre, leur construction les assujettit sans cesse à ce défaut capital, l'appendice appliqué à la partie inférieure du ballon étant une cause de plus qui la rend inévitable. Cette communication établie entre l'air intérieur et celui de l'atmosphère, produisant en effet une parfaite égalité entre l'élasticité de ces deux airs, la machine ne parvient au point le plus haut de sa course qu'après avoir évacué tout l'air inflammable surabondant à son état d'équilibre. La moindre cause suffit dès lors pour en déterminer la descente ; et la perte d'air inflammable, à laquelle les étoffes que l'on a employées ont toujours été sujettes, donne bientôt à l'aérostat un petit excès de pesanteur qui, malgré les navigateurs, les ramènerai bientôt à la surface de la terre, quand même la déperdition continuée ne l'augmenterait pas de plus en plus.

C'est pour éviter cette chute forcée, qu'il devient nécessaire de rendre à la machine un certain excès de légèreté, en jetant une quantité de lest qui surpasse de quelque chose l'excès de pesanteur qu'elle avait acquis; elle remonte alors pour s'aller mettre en équilibre d'autant plus au-dessus du point où elle s'était élevée d'abord, que la quantité du lest qu'on a jeté a été plus considérable. Il s'échappe par l'appendice une nouvelle quantité d'air inflammable en vertu de cette augmentation de hauteur; et l'équilibre, bientôt troublé de nouveau, occasionne une seconde descente, qu'on ne peut empêcher d'être complète qu'en jetant encore du lest avant de toucher la terre. C'est ainsi que l'état habituel des machines aérostatiques, telles qu'on les a vues jusqu'ici, est de monter et de descendre alternativement, en faisant de grandes oscillations, dont l'étendue va toujours en augmentant, jusqu'à ce qu'ayant jeté tous les poids inutiles, il devienne impossible de tenter de nouvelles ascensions.

Il est aisé de voir que c'est l'égalité de pression entre l'air intérieur des ballons et celui de l'atmosphère, et au changement continuel que leur volume éprouve par la dilatation ou la compression spontanée que le moindre degré d'ascension ou de descente occasionne à l'air inflammable dont ils sont remplis, qu'il faut attribuer ce défaut de fixité, et il en résulte que, pour déterminer une machine aérostatique à conserver une certaine élévation, il serait nécessaire ou que son enveloppe fût inflexible, ou que le fluide dont elle est remplie y fût comprimé de manière à être doué d'une force élastique supérieure de quelque chose à celle de l'air environnant. Dans les deux cas, en effet, si une cause quelconque portait la machine au-dessus ou au-dessous du point où elle doit être en équilibre, son volume ne pouvant changer, tandis que la pesanteur de l'air ambiant aurait varié, cette machine ne déplacerait plus dans l'atmosphère un poids égal au sien propre, et serait forcée par là de revenir à sa première position. On sent, au reste, que l'hypothèse de l'inflexibilité de l'enveloppe n'a été employée ici que pour traiter la question dans toute sa généralité; on sait assez que la pratique ne permet point d'en fabriquer de pareilles, et le second moyen qui met la flexibilité de l'étoffe d'accord avec l'immuabilité du volume est le seul exécutable.

Cet excès de pression de l'air intérieur sur celui de l'atmosphère, propre à donner à l'étoffe du ballon une tension qui conserve la forme, est donc une condition indispensable pour l'équilibre ferme et permanent dont un aérostat doit être susceptible à chacune de ses positions. Il nous reste à donner le moyen d'en changer à volonté, de manière que la machine, transportée au gré des navigateurs à une hauteur différente, y trouve encore un équilibre permanent comme le premier. Mais avant d'en venir aux méthodes de s'élever et de s'abaisser, qui supposent l'excès de pression dont il vient d'être fait mention, nous devons traiter de celle qui exige, au contraire, que les machines aérostatiques conservent la construction qu'on leur a donnée à l'origine de la découverte : il s'agit de l'idée, proposée par plusieurs personnes, d'employer pour monter et descendre des ailes ou des rames, comme pour la direction horizontale.

On peut dire, en effet, que c'est le seul moyen qui soit applicable à la construction actuelle des machines aérostatiques, et l'égalité de pression entre l'air intérieur du ballon et celui qui l'environne, que nous leur avons reprochée comme ne pouvant produire qu'un équilibre indifférent à un grand nombre de positions, devient au contraire, dans le cas présent, une propriété avantageuse, puisqu'en vertu de cette indifférence même, la machine prendra, avec une égale facilité, toutes les positions auxquelles ses ailes tendront à la porter. Mais la moindre cause l'en éloignerait tout aussi facilement; et si surtout il se fait une légère déperdition d'air inflammable, si un changement dans la température n'influe pas également sur les densités respectives des fluides intérieur et extérieur, il naîtra dès-lors dans la machine une tendance permanente, soit à monter, soit à descendre; et ce n'est qu'en la combattant par un travail continuel, aux dépens de la direction et des autres manœuvres essentielles, qu'il serait possible de garder pendant un certain temps une élévation à peu près constante. Le ballon éprouverait d'ailleurs des changements de volume considérables, devenant flasque aux approches de la terre, et se gonflant, au contraire, dans les hautes régions de l'atmosphère; et ces variations répétées, agissant nécessairement sur les points d'attache d'où dépend tout ce que porte l'aérostat, il y aurait lieu de craindre qu'il n'en résultât des dérangements fâcheux. Le moyen de descendre ou de monter avec des ailes ou des rames disposées convenablement est donc loin de satisfaire à ce qu'exige la navigation qu'il s'agit de créer, et il faut en revenir aux ballons doués d'un équilibre permanent, à l'aide de la tension intérieure que nous avons vu leur être nécessaire.

La question qu'il s'agit de résoudre consiste donc à munir ces aérostats d'un moyen quelconque, propre à déterminer leur équilibre à des hauteurs différentes à volonté. Or, il ne peut y avoir que deux méthodes différentes pour remplir cet objet, soit en faisant varier le volume du ballon sans rien changer à son poids, soit en rendant le poids de la machine variable, son volume restant le même. Ces deux principes embrassent évidemment toutes les dispositions qu'il est possible d'imaginer. Examinons-les successivement pour nous arrêter à celui dont l'application à la pratique présentera le moins de difficultés ou d'inconvénients.

Si l'on adoptait la première méthode, il faudrait employer un mécanisme dont l'effet fût de faire changer le volume du ballon, dans le rapport des densités de l'atmosphère aux points extrêmes de la hauteur que la machine aurait à parcourir, et de donner successivement à cette capacité toutes les grandeurs intermédiaires; l'aérostat irait de toute nécessité chercher l'équilibre dans la région de l'atmosphère où son volume actuel déplacerait un poids d'air égal au sien. On découvre même une propriété très-avantageuse dans cette espèce de statique, en examinant suivant quelle loi la différence de hauteur fait varier l'excès de pression de l'air intérieur, dont nous avons vu la nécessité ; et l'on trouve que, toujours proportionnel à la densité de l'air intérieur, il ne saurait jamais exposer l'étoffe à des tensions trop considérables, puisqu'il va toujours en diminuant à mesure que la hauteur augmente, sans pouvoir cependant être jamais anéanti entièrement. Mais le moyen dont il s'agit paraît d'une exécution bien difficile. Comment, en effet, armer le ballon d'un filet assez variable pour lui permettre d'occuper successivement des volumes peut-être doubles l'un de l'autre, selon les hauteurs plus ou moins considérables auxquelles on voudrait qu'il pût s'élever ? Quelle pourrait être la disposition des cordons destinés à opérer une telle compression ! Et quand il serait question de les relâcher, leur frottement n'empêcherait-il pas souvent l'élasticité de l'air enfermé d'agir et d'augmenter le volume de la machine pour la déterminer en même temps à monter ? Nous avons vu d'ailleurs ce que l'idée d'une variation perpétuelle dans la forme extérieure du ballon présente d'inconvénients, et tout semble par conséquent s'opposer à cette manière de monter et de descendre par l'accroissement ou la diminution de la capacité de la machine.

Il ne reste donc plus que le second moyen, qui consiste à faire varier le poids sans que le volume change ; et cette idée, subdivisée, en renferme plusieurs que nous allons parcourir rapidement. On peut, en effet, changer le poids d'un aérostat, soit en jetant quelques-uns de ceux qui le lestent, soit en évacuant une partie de l'air inflammable qu'il contient ; et il est bien remarquable que ce dernier moyen, qui n'a servi jusqu'ici qu'à faire descendre les machines aérostatiques, produirait l'effet contraire, dès qu'on admet l'excès de pression intérieure que nous demandons pour la permanence de l'équilibre. Si, du reste, on examine ce que devient cet excès de pression, à mesure que, par l'un ou l'autre de ces moyens, l'aérostat atteint des hauteurs différentes, on verra qu'il diminue quand l'ascension a été déterminée par l'évacuation de l'air inflammable, tandis qu'au contraire il augmente quand c'est par la déperdition du lest ; de sorte qu'en combinant ensemble ces deux manières d'opérer, suivant une loi facile à déterminer, on pourrait obtenir, dans toutes les positions, un excès constant de pression intérieure, quelque différentes qu'elles fussent entre elles. Mais à quoi bon approfondir plus longtemps deux méthodes qui ne remplissent ni l'une ni l'autre les objets qu'on doit désirer. Non-seulement elles ont le désavantage de faire à chaque manœuvre une perte irréparable, en consommant l'air inflammable ou le lest, dont une certaine dépense devient le terme inévitable de la navigation, mais elles ne peuvent servir qu'à élever de plus en plus la machine aérostatique, et les moyens nous manquent encore pour la faire descendre.

Conduits, en effet, par une suite de raisonnements nécessaires, à conserver au ballon une forme invariable pour le faire mouvoir par les changements de son poids, nous avons facilement réussi à diminuer ce poids par l'évacuation d'une partie de ceux que porte la machine ; mais il n'en peut résulter que des ascensions successives, et pour lui procurer le mouvement contraire, il faudrait pouvoir augmenter sa pesanteur. Que peut-on donc ajouter à un corps isolé de tous les autres, si ce n'est une portion de l'air même dans lequel il nage ? Or, c'est à quoi nous n'avions pas encore pensé, et cependant toutes les difficultés disparaissent dès lors. Il est clair, en effet, qu'en comprimant dans le ballon de l'air atmosphérique, son poids augmentera sans que son volume change, et qu'il sera par conséquent déterminé à descendre.

Il n'est pas difficile d'imaginer après cela de faire remonter la machine, en évacuant ce même air atmosphérique ; elle ne manœuvrera plus alors aux dépens de sa propre substance, et le

milieu qui l'environne sera la cause unique de tous ses mouvements, comme il était celle de son équilibre. Mais cet air qu'on
introduit dans l'aérostat, devant bientôt en ressortir, il faut qu'il
soit préservé de tout mélange avec l'air inflammable, et contenu
par cette raison dans une capacité particulière.

Tel est le moyen que nous cherchions de faire descendre et
monter les machines aérostatiques sans jeter de lest, sans perdre
d'air inflammable, et en conservant au mobile, à chacune de ses
positions, un équilibre aussi fixe que si c'était la seule qu'il dût
jamais occuper. La simplicité de ce moyen ne laisse rien à désirer, et ce concours de tous les avantages à la fois est d'autant
plus heureux, que nous n'avions pas le choix : il est aisé de voir
que cette méthode est unique, et la marche qui nous y a conduits
en est elle-même une démonstration rigoureuse, puisque c'est en
parcourant toutes les hypothèses possibles, et par suite d'exclu-
sions continuelles, que nous y sommes parvenus. Rien ne peut
donc suppléer cette organisation que nous sommes forcés de donner aux machines aérostatiques ; et tout inventeur y sera conduit
d'une manière nécessaire, dès que la question sera suffisamment
approfondie.

Mais développons les détails de ce mécanisme, et les différents
moyens qu'il peut y avoir de le mettre en pratique.

De quelque manière qu'un ballon soit construit, quelle que soit
sa forme, pourvu qu'il contienne deux capacités distinctes, dont
l'une soit destinée à renfermer une certaine quantité d'air inflammable toujours constante, et l'autre un volume variable d'air
atmosphérique, il sera propre à tous les changements de hauteur
qu'il s'agissait d'obtenir. Il faut seulement que la somme des deux
capacités fasse toujours un volume constant, et que les deux airs
y soient soumis à une compression un peu plus forte que celle de
l'air environnant. Il suffit alors, pour que la machine monte,
d'ouvrir une issue à l'air atmosphérique intérieur, par le moyen
d'un simple robinet. La pression que cet air éprouve en détermine la sortie, le poids de la machine diminue, elle s'élève, et
cette ascension dure autant que l'écoulement de l'air intérieur.
Ainsi, dès que le robinet par lequel il s'échappait sera fermé de

nouveau, le ballon se fixera et la densité de l'air environnant sera diminuée alors dans la proportion de la perte de poids que la machine aura faite.

On voit aisément que, pendant cette ascension, le ressort de l'air inflammable fait augmenter la capacité qui le renferme, aux dépens de celle d'où l'air atmosphérique s'échappe, et qu'ainsi le terme de la hauteur que peut acquérir l'aérostat arrivera lorsque l'espace destiné à l'air atmosphérique étant réduit à rien, celui de l'air inflammable occupera la capacité entière du ballon.

On voit de même que, pour déterminer la descente, il suffira d'introduire de l'air commun dans l'espace dont il s'agit, avec le soufflet le plus simple. Le poids de la machine augmentant par là, elle ne pourra plus retrouver l'équilibre que dans une région où la pesanteur spécifique de l'air extérieur soit devenue plus grande en même proportion ; et quoique ce soit avec un fluide très-léger qu'on cherche à faire varier ainsi le poids de l'aérostat, comme c'est le même que celui dans lequel il flotte, la cause des variations de densité de ce milieu se trouve de même ordre que celles des changements du poids de la machine, et de petites quantités d'air introduites ou évacuées suffisent, par cette raison, pour occasionner des changements notables dans la position du mobile.

Il y a une autre remarque très-importante à faire, c'est que, malgré l'idée qui se présente naturellement, que c'est en comprimant l'air intérieur par l'addition d'un nouvel air que l'on détermine le ballon à descendre, il éprouve cependant toujours la même pression intérieure, à quelque hauteur qu'on le suppose en équilibre. Cette propriété précieuse de la disposition dont il s'agit dépend de ce que l'aérostat, descendant, trouve des couches d'air douées d'une plus grande élasticité en même temps qu'elles ont une pesanteur spécifique plus considérable, et la pression extérieure augmentant ainsi, détruit celle qui existerait intérieurement, sans cela, d'une plus grande quantité d'air logée dans le même espace. Il suit de cette observation, confirmée par la solution analytique de la question présente, que l'excès de l'élasticité du fluide intérieur sur celle de l'air environnant demeurant toujours le même, l'étoffe n'est point exposée à une tension variable, et qu'il n'y a par conséquent aucune limite aux usages d'u n e s que nous venons de donner. Il peut servir à parcourir l'atmos phère et à y choisir une place à volonté, depuis la surface de la terre jusqu'aux régions les plus hautes auxquelles l'homme puisse subsister.

Il faut cependant observer que la machine doit être construite d'avance, et son étendue calculée d'après la plus grande hauteur à laquelle on voudra qu'elle parvienne. Cette hauteur dépend du rapport qui se trouve entre la quantité d'air inflammable renfer- mée dans la machine, et sa capacité totale ; et comme nous l'avons déjà remarqué plus haut, l'aérostat parviendra au terme de son ascension, quand cet air inflammable, diminuant de densité en même temps que l'air environnant, aura rempli tout l'espace ren- fermé par l'étoffe. On peut donc, avec une machine donnée, aller au delà de certaines bornes ; mais on peut d'avance leur donner une étendue que rien ne limite.

Mais quelle doit être la disposition de ces deux capacités desti- nées à loger deux airs différents ? On sent qu'il y a plusieurs ma- nières de résoudre cette question dans la pratique, et nous allons encore les parcourir en peu de mots.

On peut séparer l'une de l'autre ces deux capacités par une sorte de diaphragme flexible, semblable pour la forme à une des moitiés de l'enveloppe du ballon. C'est ainsi que j'ai dessiné la machine sur le tableau de l'Académie. L'air inflammable occupe le dessus, laissant le bas à l'air atmosphérique, et le diaphragme qui les sépare doit être habituellement flasque, excepté dans le cas de la plus haute ascension, où l'air inflammable occupant tout le vide du ballon, et l'air atmosphérique étant entièrement échappé, ce diaphragme serait exactement appliqué contre l'hé- misphère inférieur.

On pourrait encore loger l'air atmosphérique dans un espace renfermé lui-même tout entier dans le ballon qui contient l'air in- flammable en employant pour cela un autre ballon moindre que le premier. L'air atmosphérique remplirait totalement ce ballon in- térieur, lorsque la machine serait encore au point le plus bas de sa course ; mais au point le plus haut, cet air étant évacué, son enveloppe serait tout à fait déprimée, et l'air inflammable occuperait l'espace entier du ballon extérieur. La capacité du ballon intérieur ne doit pas être plus grande que ce dont l'air inflammable devrait se dilater, par la plus haute ascension dont on voudrait rendre la machine susceptible ; d'où il suit que cette méthode serait la plus économique du côté de la quantité d'étoffe à employer et du poids qui en résulte.

Mais dans l'une et dans l'autre de ces dispositions, la composition intérieure dont j'ai tant parlé dans ce mémoire, et que l'objet actuel rend indispensable, devient une cause de plus pour la déperdition de l'air inflammable, déjà si difficile à contenir, et le succès de l'appareil dont il s'agit ici dépend, au contraire, de la conservation la plus exacte de ce fluide léger.

Je préférerais donc une méthode tout à fait opposée et je propose de renfermer le ballon à air inflammable dans un autre ; l'air atmosphérique serait logé dans l'intervalle des deux enveloppes, et environnerait de toutes parts celui qui logerait l'air inflammable. Cette méthode exige à la vérité l'emploi d'une quantité d'étoffe plus grande que les deux premières dont j'ai parlé, surtout s'il n'était question que de s'élever à de petites hauteurs : mais un avantage bien précieux qu'elle présente, est que la compression intérieure ne tend plus à dissiper l'air inflammable, puisque l'étoffe qui le renferme éprouve cette compression également par ses deux surfaces ; l'enveloppe extérieure est seule tendue par cette pression, mais elle ne peut laisser échapper que l'air atmosphérique, et c'est une perte aisée à réparer.

Il ne faut pas croire, au reste, que cet excès de pression intérieure nécessaire pour conserver la forme du ballon doive être bien considérable ; il suffirait qu'il pût soutenir quelques lignes de mercure ; mais comme c'est encore de cette pression que dépend l'excès de légèreté avec lequel l'aérostat peut s'élever au moment du départ, et qu'il lui faut une certaine vitesse pour éviter alors les édifices et les arbres contre lesquels le vent pourrait a porter, on trouve par le calcul que, pour une machine de la

taille de celle qui vient de partir aux Tuileries, l'excès habituel de
l'élasticité de l'air intérieur sur celui de l'atmosphère doit faire
équilibre à environ 1 pouce de mercure, et qu'alors la vitesse de
la première ascension pourrait être de 6 à 7 pieds par seconde ;
ce qui est plus que suffisant.

Tels sont les principes d'après lesquels on pourra toujours
organiser une machine aérostatique, de manière qu'après un
long voyage, elle soit encore dans le même état qu'au moment
de son départ. C'est, en effet, le seul moyen d'obtenir la navigation aérienne que l'on désire si vivement ; et s'il fallait toujours
consommer des ressources considérables à chaque pas que l'homme
voudrait faire dans l'atmosphère, on ne verrait jamais que des
expériences fugitives et des promenades sans intérêt comme sans
utilité.

Ce mémoire n'est, au reste, qu'un simple exposé de l'état de
la question. Cette matière demande d'être traitée par des voies
plus rigoureuses, et l'on ne doit regarder ce qui précède que
comme une introduction à des calculs dont l'objet mériterait
d'être présenté d'une manière aussi détaillée. (*Journal de phy-
sique.* 1784.)

Pour faire suite à ce savant travail, je crois devoir
donner approximativement quelques chiffres, car il est
toujours satisfaisant de pouvoir appliquer une théorie
générale à des faits particuliers. Cette étude exerce
l'esprit sans le fatiguer, et y laisse des traces qui ne
s'effacent plus. Voici donc les dimensions principales
et approximatives d'un aérostat chinois. Ces renseignements, tout incomplets qu'ils sont, pourront servir à
fixer les idées, et devenir le prélude de projets ulté-
rieurs en France.

Je prends pour type le navire aérien dans lequel je

fis l'ascension, dont j'entreprends ici même la relation : c'est le modèle le plus répandu.

Cet aérostat, comme je l'ai déjà dit, a la forme d'un cylindre terminé en pointe arrondie de chaque bout. Il a seize mètres de diamètre, et quarante mètres de longueur totale; son volume est d'environ sept mille mètres cubes.

A l'intérieur et dans toute la longueur de l'aérostat il y a une toile légère, imperméable, qui le divise en deux compartiments : l'un supérieur pour contenir le gaz pur et l'autre inférieur pour l'air atmosphérique qui forme lest. Au départ, ce second compartiment est plein d'air et la mince toile de séparation prend la forme indiquée par la figure première tracée ci-dessous représentant une coupe transversale de l'aérostat.

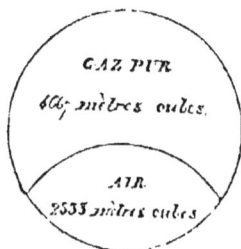

Dans ces conditions le compartiment inférieur mesure deux mille trois cent trente-trois mètres cubes et le supérieur quatre mille six cent soixante-sept.

Dans les régions moyennes, une partie de l'air est expulsée et la toile de séparation flotte entre l'air et le gaz, comme l'indique la figure deuxième.

Enfin, à la plus grande altitude que le ballon peut atteindre, tout l'air est expulsé; le gaz par sa dilata-

tion occupe tout l'espace de sept mille mètres cubes, et la toile s'applique contre la partie inférieure de l'enveloppe comme on le voit figure troisième.

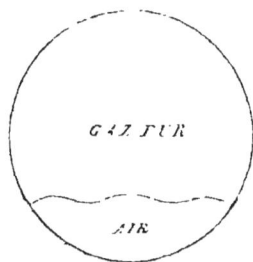

Pour connaître la puissance de cet appareil, observons que l'espace occupé par le gaz pur au départ est de 7,000—2,333 = 4,667 mètres cubes.

Or 4,667 mètres cubes de gaz pur, soulèvent dans notre atmosphère 5,600 kilogrammes. (1)

(1) Un mètre cube de gaz pur fait équilibre à 1211 grammes dans notre atmosphère

1211 + 4667 = 5600 kilogrammes.

Telle est la puissance brute d'ascension.

Pour avoir la puissance nette il faut en déduire :

Le poids de 2,333 mètres cubes d'air emmagasiné au départ à la pression barométrique de trois centimètres de mercure au-dessus de la pression atmosphérique, soit :   126 kilog. (1)

Le poids de l'aérostat, (à 250 grammes le mètre superficiel) et du filet.   900   id.

Le poids de la toile intérieure de séparation à 125 grammes le mètre superficiel.   74   id.

Le poids des stalles, de la flèche, cabine centrale, ventilateur, nacelle du veilleur et agrès divers.   2,840   id.

Force ascensionnelle au départ.   60   id.

                        4,000 kilog.

En retranchant 4,000 kilog. poids de l'appareil et de ses accessoires, de 5,600 kilog. force ascensionnelle brute, on obtient le nombre 1,600 kilog. pour la force utilisable.

Voyons, maintenant, jusqu'à quelle hauteur cet aérostat peut s'élever. Il est arrivé à la plus grande élévation à laquelle il peut atteindre, quand le compartiment inférieur est entièrement vide d'air. Le gaz

(1) Un mètre cube d'air à la pression de 3 centimètres pèse

$$\frac{1300\,\mathrm{g.}}{76} \times 3 = 54 \text{ grammes}$$

$$2333 \times 54 = 126 \text{ kilogrammes.}$$

contenu dans un espace de 4,667 mètres cubes au départ, occupe à cette hauteur un volume de 7,000 mètres cubes. Sa densité est donc diminuée d'un tiers et comme celle-ci est toujours presque égale à celle de la couche atmosphérique dans laquelle l'aérostat est plongé, la colonne barométrique, dans ces régions, n'atteint plus que cinquante-un centimètres (les deux tiers environ de 0,76). Or, on sait par le calcul confirmé par l'expérience, que cette hauteur de la colonne barométique, correspond à une altitude de trois mille mètres environ. Telle est la hauteur à laquelle notre ballon pouvait nous enlever, d'après ce que me dit Kié-Fo.

V

Manœuvres pour la descente. — Possibilité d'appliquer la vapeur à cette opération. — Expérience de Giffard, en 1852. — Notre arrivée à l'embarcadère de Nant-Chang. — Le remorquage. — Les chariots. — Chantiers de construction. — Echec de Lennox en 1834. — Bureaux de renseignements.

Nous n'atteignîmes point cette hauteur. Notre navire resta longtemps dans un brouillard assez maussade, qui bornait la vue de toutes parts, si bien que j'éprouvai une certaine satisfaction, quand j'entendis le capitaine ordonner aux hommes de la cabine centrale de manœuvrer le ventilateur, pour nous rapprocher de la terre.

Ce ventilateur est une espèce de turbine horizontale, de deux mètres de diamètre environ, qui prend l'air en dessous, et le lance dans le ballon par un tube vertical en toile imperméable, d'un mètre de diamètre, de sorte qu'il n'y a pas de perte de force résultant de coudes ou d'étranglements. En outre, par cette disposition, la turbine, en se vissant dans l'air ambiant, tend à faire descendre le navire, et augmente ainsi son action. Néanmoins la descente est assez lente ; je le fis remarquer à Kié-Fo qui me répondit :

—Le ventilateur est manœuvré par deux vigoureux gaillards que vous avez vu entrer dans la cabane centrale; il en faudrait quatre. Sur les navires de l'État, où chaque passager est un travailleur, on met huit hommes au ventilateur. Songez, que pour revenir de la hauteur de trois mille mètres, au niveau du sol, il faut lancer dans ce ballon deux mille trois cent trente-trois mètres cubes d'air, ce qui n'est pas une mince besogne.

—Si vous faisiez mouvoir le ventilateur par une petite machine à vapeur, m'écriai-je, vous obtiendriez toute la rapidité d'action désirable ; nous fabriquons en Europe des machines à vapeur de la force d'une vingtaine d'hommes, qui feraient parfaitement l'affaire.

—Comment ! placer une machine à feu au-dessous d'un ballon ! Êtes-vous fou ? Cela n'est pas possible.

— Cela est tellement possible, que cela s'est fait. J'ai vu à Paris, de mes propres yeux vu, un jeune et habile ingénieur s'élever dans un ballon au-dessous duquel il avait placé une machine à vapeur de la force de trois chevaux (1) ; il espérait trouver ainsi le moyen de se diriger. Il ne renouvela pas l'expérience, mais sa tentative hardie a prouvé que la vapeur deviendra un puissant auxiliaire pour les aéronautes et qu'ils peuvent s'en servir sans danger, en prenant les précautions indiquées par l'expérience.

Kié-Fo ne me répondit pas, je vis que je l'avais vivement contrarié ; toute vérité n'est pas bonne à dire. Je me promis de nouveau de mieux retenir ma langue à l'avenir, mais je ne pus m'empêcher de penser aux progrès rapides et merveilleux que l'aéronautique ferait en France avec le secours de la vapeur et de l'électricité, dès qu'on y connaîtrait ce qui se pratique maintenant en Chine.

J'étais plongé dans ces réflexions, lorsque Kié-Fo me montra, au loin dans la campagne un petit point noir ; c'était l'embarcadère de Nant-Chang que nous devions atteindre. Ce point s'agrandit peu à peu et au bout d'une demi-heure, nous étions au-dessus de la plaine de hâlage. Notre navire ayant constamment descendu tandis que nous approchions, je compris que nous ne tarderions pas à aborder, et ma curiosité fut excitée de nouveau. Je me demandais comment nous réussirions à passer juste au-dessus de l'embarcadère et à descendre au fond. La réponse ne se fit pas longtemps attendre. J'aperçus dans la plaine deux chariots à quatre chevaux exactement semblables à celui que j'avais remarqué avant notre départ dans la cour d'embarque-

(1) Ascension de Henri Giffard, le 24 septembre 1852.

ment. Ils paraissaient nous attendre ; auprès de chacun d'eux caracolait un cavalier. Le chariot le plus rapproché de nous se hâta de nous rejoindre, tandis que
l'autre se dirigeait vers notre compagnon de route. Le
câble qui reliait les deux aérostats fut retiré ; nous descendions toujours. Quand nous ne fûmes plus qu'à une
trentaine de mètres du sol, le *veilleur* laissa pendre de
sa nacelle une corde qui traîna jusqu'à terre ; le cavalier qui galopait au-dessous de nous s'en saisit, et la
lança fort adroitement sur son chariot, où elle fut atta-
chée au rouleau d'un treuil, que deux hommes se mirent
à faire tourner aussitôt. Ils attirèrent ainsi l'aérostat
vers eux, jusqu'à ce que la nacelle du *veilleur* fut enga-
gée sur le chariot ; nous étions amarrés.

Lorsque les attaches furent solidement fixées, les
quatre chevaux partirent au galop vers l'embarcadère
au bord duquel ils nous laissèrent. Pour y descendre on
amena notre chariot sur la plateforme et nous en atteignîmes doucement le fond ; un autre relai de chevaux
nous conduisit dans la cour d'embarquement. Aussitôt,
la chaînette qui fixait nos palans fut retirée et les aides
qui attendaient notre arrivée, amarrèrent le chariot au
moyen de chaînes scellées au sol, saisirent les cordes
qui pendaient de nos stalles, et nous firent descendre
successivement.

Pendant ce temps, notre compagnon de route était
remorqué de son côté par le deuxième chariot et avait
gagné la cour voisine de la nôtre, de sorte que les cinquante personnes, équipage et passagers, transportés
par les deux ballons, se trouvèrent bientôt réunis et

s'éloignèrent dans toutes les directions, allant à leurs affaires ou à leurs plaisirs.

—Comprenez-vous maintenant, me dit Kié-Fo, la nécessité de placer l'embarcadère au centre d'une plaine très-vaste, dont le sol résistant et bien nivelé permette aux chevaux et aux voitures de circuler sans obstacles dans tous les sens ?

— Oui, sans doute ; j'ai vu que le vent ne nous poussait pas précisément vers l'embarcadère et que si nous n'avions pas été remorqués, nous aurions passé à côté. Vous rectifiez par ce remorquage l'inexactitude des vents ; tout cela est très-bien combiné. Je comprends maintenant l'utilité de ce chariot à quatre chevaux, que j'avais vu dans la cour d'embarquement sans en deviner l'emploi.

— Vous remarquerez que ces chariots sont très-pesants et très-bas afin qu'ils ne soient pas entraînés ou renversés par la traction du ballon pendant une bourrasque. Lorsque le vent est contraire ou trop violent, on s'arrête en route ; on enraye les roues, et on attend que le temps soit favorable.

Nous passâmes le reste de la journée et une partie du lendemain à Nant-Chang. Nous allâmes visiter les chantiers de construction et de réparation des aérostats, dont la description occuperait à elle seule tout un volume. J'admirai avec quelle économie et quelle rapidité, on peut construire ces immenses machines, quand on est pourvu des apparaux convenables et que le travail est accompli dans les conditions indiquées par une longue expérience.

J'ai remarqué qu'en Chine, le lieu de départ du premier voyage effectué par un aérostat neuf, est le chantier même où il a été construit, ce qui supprime toute chance d'accidents; et j'ai pu comparer cette méthode à celle qui a été suivie jusqu'à présent en Europe, où l'on amène à grand'peine l'enveloppe dégonflée ou à demi-gonflée sur le lieu de l'ascension, au risque de la détériorer en route, comme il arriva en 1834 au fameux navire aérien de M. de Lennox, l'*Aigle*, qui eût toutes les peines du monde à parvenir jusqu'au Champ-de-Mars, où il arriva tout avarié, au grand mécontentement de la multitude qui le mit en pièces.

Dans l'après-midi du lendemain nous nous dirigeâmes vers une hôtellerie à proximité de l'embarcadère, afin d'y prendre notre repas et attendre l'heure du départ. Pour faire la route de Fout-Cheou à Nant-Chang nous étions partis le matin, parce que le vent de mer, qui conduit dans l'intérieur des terres, souffle dès le lever du soleil. Nous devions profiter pour notre retour du vent de terre qui se fait sentir dans l'après-midi.

En attendant que notre repas fut servi, nous allâmes prendre nos renseignements aux bureaux de l'embarcadère. Kié-Fo me fit entrer dans une pièce où je vis étendue sur une table une carte topographique, semblable à celle que j'avais vue à Londres en 1851, sur laquelle étaient figurés les observatoires de la contrée, par de gros points noirs. Sur chacun d'eux, il y avait quatre flèches mobiles superposées; celles de dessus indiquaient le vent qu'il faisait à deux mille mètres du sol; les secondes étaient pour les courants à quinze cents mètres; les troisièmes pour ceux à mille mètres, et celles du dessous pour ceux à cinq cents mètres. Un employé modifiait la direction de ces aiguilles à mesure qu'il recevait de nouveaux renseignements. Kié-Fo, lui ayant demandé l'heure probable de notre départ, il répondit, sans hésiter, que nous partirions dans trois heures au plus tard. « La ville de Fout-Cheou où vous allez, nous dit-il, est à zéro (au nord) de Nant-Chang. Or, il règne à Su-po-zé, en ce moment, à quinze cents mètres de hauteur, un courant de 150° (sud-ouest) qu gagnera bientôt la ville de Nant-Chang. En partant d'ici avec le vent 250° (sud-est) qui souffle à cinq cents mètres, vous arriverez à Su-po-zé à temps pour profiter du courant 150° qui vous conduira droit à Fout-Cheou. »

—Vous voyez, me dit Kié-Fo, que si on n'est pas absolument maître d'aller où l'on veut, et quand on veut, on sait du moins où l'on ira; peut-être les choses ne se passeront-elles pas tout à fait comme l'annonce cet homme, car il faut faire la part de l'imprévu; cependant, il est rare que ces employés se trompent. L'état du ciel, les différents aspects des nuages, le vol des oiseaux, le bruit des cloches, les changements dans la température, les mouvements du baromètre, et, par-dessus tout, les informations qu'ils reçoivent à chaque instant, de cent lieues à la ronde, sur la direction

des courants atmosphériques, à quatre altitudes différentes ; tous ces renseignements et ces indices leur donnent une sûreté d'appréciation qui leur fait rarement
défaut. Nous avons deux heures à nous, environ ; dépêchons-nous de dîner, afin de n'être pas surpris par le
signal du départ.

VI

Retour. — Atterrage à quatre kilomètres de l'embarcadère de
Fout-Cheou. — Procédé proposé par un fou pour diriger les
aérostats. — Arrivée à Fout-Cheou.

Notre retour s'effectua sans incidents dignes d'être
signalés, jusqu'au moment où nous aperçûmes l'embarcadère de Fout-Cheou.

Le courant, qui nous poussait, ne nous permit pas
d'atteindre la plaine de hâlage. Je la voyais sur notre
droite, à plus de quatre kilomètres, et nous nous di-
rigions rapidement vers la mer, dont les vagues réflé-
taient jusqu'à nous les derniers rayons du soleil couchant. Le capitaine avait donné l'ordre, depuis quelque temps déjà, de descendre. Nous descendions, en
effet, et bientôt nous ne fûmes plus qu'à quinze ou
vingt mètres du sol : lorsque l'emplacement parut propice, un dernier effort des gens qui tournaient le ventilateur nous fit descendre encore, jusqu'à ce que la
acelle du veilleur, venant à raser la terre, celui-ci la-

boura le sol de son ancre, et y enfonça prestement deux piquets, qui arrêtèrent notre marche ; puis il sauta hors de sa nacelle, et compléta l'amarage.

— Qu'allons-nous devenir maintenant, dis-je à Kié-Fo?

— N'en ayez nul souci, nous sommes signalés, et deux chariots ne tarderont pas à venir nous prendre. Il aurait pu arriver que l'atterrage s'effectuât à huit ou dix kilomètres de l'embarcadère, peut-être davantage et nous n'aurions pas eu beaucoup plus à attendre, probablement, car dans chaque village il y a des chariots de hâlage appartenant à la commune. C'est une source de profits pour la population, le tarif de remorquage étant très-élevé. On le maintient à ce taux afin d'encourager la création des chariots sur tous les points du Céleste-Empire, car ils sont les auxiliaires essentiels de la navigation aérienne intérieure.

— Je l'admets d'autant mieux, répondis-je, que nous avons en Europe une organisation analogue pour les bâtiments à voiles. Dès qu'ils sont en vue du port, et qu'un calme plat ou un vent contraire les empêche d'y entrer, un bateau à vapeur s'empresse d'aller à leur rencontre et de les remorquer jusque dans la rade.

Cependant, je ne puis m'empêcher d'observer que si vos navires aériens avaient quelque moyen de ne point suivre exactement, servilement, le courant atmosphérique, s'ils pouvaient non pas marcher contre le vent, ni même au travers, mais seulement prendre une direction qui s'écartât de quelques degrés de la ligne du vent, nous aurions pu gagner l'embarcadère sans le secours des chariots. Ainsi, nous sommes à cinq kilomètres de notre but. Eh bien! si à cinquante ou soixante kilomètres d'ici, le capitaine avait pu faire prendre à son équipage une direction, s'écartant de cinq degrés seulement de la ligne du courant atmosphérique, nous serions arrivés droit sur l'embarcadère, et...

—Ta... ta... ta... voilà bien la présomption des barbares. Croyez-vous donc que nous ignorons cela? Et par quel moyen, s'il vous plaît, penseriez-vous obtenir ce beau résultat?

— Je n'ai pas la prétention de vous l'indiquer, mais il me semble que, par un système bien combiné de grandes hélices ou de roues à palettes, ou tout autre organe analogue, battant l'air avec rapidité et construit de manière à être tout à la fois d'une grande solidité et d'une légèreté suffisante, on obtiendrait de bons résultats.

— Tout cela a été essayé et abandonné. Pendant l'atterrage, c'est-à-dire, lorsque l'aérostat est attaché au sol, ou même en pleine navigation, tous ces organes se disloquent à la moindre bourrasque à cause de leur grande étendue, quelque soin que l'on prenne pour les rendre solides. D'ailleurs leur effet est à peu près nul. Avez-vous réfléchi avec quelle vitesse il faut frapper l'air pour y trouver un point d'appui efficace, en vous rappelant surtout qu'à la hauteur de trois mille mètres l'atmosphère à perdu le tiers de sa densité. Et avez-vous songé à la force considérable à développer pour faire mouvoir de tels organes? Je sais bien que vous allez me répondre que l'on empruntera cette force à une machine à vapeur; mais, je vous l'ai déjà dit, nos lettrés repoussent l'emploi de cet agent si dangereux, et qui ne nous est pas si inconnu que vous le supposez car le Céleste Empire est le berceau de toutes les sciences, de toutes les découvertes...

—Je le reconnais; beaucoup d'écrivains de mon pays l'ont affirmé, ils ne sauraient se tromper.

—Or donc, je vais vous décrire le moyen qu'un Chinois un peu toqué proposa jadis pour diriger nos navires aériens et que l'on s'est bien gardé d'adopter. Il n'employait ni hélices, ni palettes, lui, car tout toqué qu'il fût, il en connaissait les inconvénients ; mais il proposait d'établir à l'avant du navire une voile de très-petite dimension et au centre du système une chaudière à vapeur ; puis entre ces deux engins, un tuyau composé de plusieurs tubes s'emmanchant les uns dans les autres comme ceux d'une lorgnette, à cette différence que chaque tube était de quelques centimètres plus gros que le précédent ; le premier, partant de la chaudière, ne devait pas avoir plus d'un centimètre de diamètre, le second en avait trois ou quatre, le troisième six ou sept et ainsi de suite jusqu'au dernier touchant presque à la voile, et qui avait trente ou quarante centimètres de diamètre ; la vapeur en s'échappant du premier tube devait entraîner la colonne d'air passant dans le second, ce mélange de vapeur et d'air devait s'augmenter en passant dans le troisième puis dans le quatrième et ainsi de suite, de sorte que, suivant l'inventeur, il devait s'échapper du dernier, un courant d'air considérable qui en frappant sur la voile convenablement inclinée, aurait imprimé au navire la direction voulue ; la vapeur se condensait dans les tubes, tombait à l'état d'eau chaude dans une gouttière placée en dessous et retombait dans la chaudière.

—C'est charmant, cette idée là ! et je serais d'autant plus porté à la croire excellente, que j'ai souvent remarqué avec quelle force la vapeur perdue s'échappe des cheminées de nos locomotives, entraînant avec elle le courant d'air qui anime le foyer...

—Notre homme ajoutait qu'il existe toujours entre deux courants d'air, l'un supérieur l'autre inférieur, qui ont des directions opposées ou seulement différentes, il existe, dis-je, une zône plus ou moins épaisse de fluide qui ne participe ni de l'un ni de l'autre de ces courants et qui est absolument tranquille parce que la couche supérieure du courant inférieur faisant effort pour pousser la couche inférieure du courant supérieur, l'équilibre est le résultat de ces deux efforts opposés. Eh bien disait notre pauvre fou, en me plaçant dans cette zône tranquille, mon appareil aura toute son efficacité de direction et me conduira à mon gré, vers un point déterminé de l'espace, d'où après l'avoir atteint, je cinglerai droit au but en me plongeant dans le courant dont la direction me sera connue par les sondes d'équipage.

—N'a-t-on pas expérimente ce système ?

—Non certes.

—Et pourquoi?

—Parce que les membres du Grand-Conseil dont l'infaillibilité est incontestable, affirmèrent que cette idée était chimérique; et puis l'inventeur était un pauvre diable, un inconnu, un homme de rien. On s'en est donc tenu fort sagement aux chariots et l'on s'est efforcé de les multiplier. Pour les voyages de long cours, hors du Céleste Empire, il est bien clair que l'on n'a pas cette facilité, mais on n'a pas d'embarcadère à atteindre, et d'ailleurs les aérostats de grande exploration étant beaucoup plus volumineux que celui-ci, les chariots deviendraient impraticables. On prend terre dans l'endroit le plus convenable, et l'on attend que le vent soit propice, ce qui ne tarde jamais beaucoup, car il est très-rare que le vent qui souffle au soleil levant, soit le même au soleil couchant. Pendant l'atterrage le capitaine et son lieutenant ne restent pas oisifs; ils consultent avec attention leur sonde atmosphérique, la faisant monter et descendre constamment, afin de profiter des variations des couches supérieures aussitôt qu'elles se manifestent. C'est ce que nous ferions ici, si l'on ne venait pas à notre secours.

Nous ne tardâmes pas à voir arriver vers nous les deux chariots de remorquage. Les conducteurs les dirigèrent, au galop, chacun vers un aérostat. Les nacelles de veilleur y furent bientôt engagées et fixées; on retira les piquets qui nous retenaient au sol et nous partîmes, en suivant la route qui conduisait à l'embarcadère. Les deux chariots restèrent à la distance convenable l'un de l'autre, pour que les aérostats, dont le câble qui les unissait avait été retiré, ne vinssent pas à se toucher pendant le trajet, car il faut se rappeler qu'ils doivent toujours présenter leur poupe au vent, quel que soit le sens de la marche. Il en résulte que si le chariot a le vent debout, son aérostat le suit, tandis que celui-ci le précède, s'il marche vent arrière ; mais quand le courant vient de babord (si je puis employer cette expression), le ballon est en travers du chariot et reporté à tribord, enfin reporté à babord, si le vent est de tribord, pivotant ainsi, comme une immense girouette, dont l'un des quatre cordages, partant de la nacelle, forme la tige.

Je fus surpris de voir que notre ballon précédait le chariot et qu'au lieu d'être attiré par lui, il semblait, au contraire que ce fût lui qui attirât le chariot. J'en fis la remarque à Kié-Fo qui me dit : Il en est presque toujours ainsi ; en y réfléchissant un peu, vous comprendrez que cela doit être. Puisque le courant atmosphérique nous a amenés jusqu'ici, nous ne marchons pas contre lui et le chariot n'a pas à résister au vent debout ; il n'a d'autre objet que de nous faire dévier un peu de la ligne du vent. Aussi vous voyez que nous sommes reportés de côté. Si la brise venait à tourner il faudrait enrayer les roues et attendre un moment plus propice pour continuer notre route, car il n'y aurait pas d'effort qui pût nous faire marcher contre elle. Cela arrive bien quelquefois, et dans ce cas les voyageurs trop pressés se font descendre et leurs stalles sont garnies de sable ou de terre que l'on prend à l'endroit où l'on se trouve, afin de remplacer leur poids dont ils délestent l'équipage, car il faut que l'équilibre existe constamment.

Nous atteignîmes sans accidents la plaine de hâlage, et nous fûmes bientôt au bord de l'embarcadère, au fond duquel nous descendîmes par l'une des plates-formes, puis enfin dans la cour, d'où j'étais parti la veille, bien intrigué de ce que j'allais voir, et maintenant, émerveillé de ce que j'avais vu et faisant le vœu d'en rendre compte à mes compatriotes, si Dieu me permettait de revoir la France.

J'accomplis, aujourd'hui ce vœu, tout pénétré de mon insuffisance, mais espérant que bon nombre de mes lecteurs sauront par leur expérience dans les sciences d'application, suppléer à ce que ma narration a d'incomplet et que nos ingénieurs, dont les travaux font l'admiration du monde entier, sauront tirer parti de ces indications, si peu scientifiques qu'elles soient. En combinant les procédés chinois, avec les découvertes modernes de notre hémisphère, ils doteront sans doute l'humanité d'un nouveau et puissant moyen d'investigation de diffusion des lumières et de civilisation.

Ils feront de notre siècle le véritable Grand Siècle.

DELAVILLE-DEDREUX.

EXTRAIT DU CATALOGUE

DE LA

LIBRAIRIE DESLOGES

RUE SAINT-ANDRÉ-DES-ARTS

PARIS

Manuel du Savoir-Vivre, ou l'Art de se conduire selon les convenances et les usages du monde, dans toutes les circonstances de la vie et dans les diverses régions de la société. 1 joli vol. . . . . 1 fr.

Le Savoir-Vivre en Politique, ou l'Art de rendre les peuples heureux ; seule solution pouvant atteindre ce but ; par L. D. 1 vol. in-8. . . . . 3 fr.

Nouvelle Encyclopédie de la Jeunesse, publiée sous la direction de M. l'abbé A. Denys, curé de Saint-Éloi de Paris, par Th. Midy. 1 vol. grand in-12. . . . . 1 fr. 50

Fleurs du bien, 1 vol. charpentier, par V. Maquel, prix. . . . . 1 fr.

Le Bonheur dans la Famille, ou l'Art d'être heureux dans toutes les circonstances de la vie, suivi de Traités d'utilité et d'agrément, avec planches d'études. 1 joli vol. in-18, par V. Maquel. . . . . 1 fr.

Devoirs des Enfants et des jeunes Gens, par P. Vattier. 1 vol. in-12. . . . . 1 fr.

Le Trésor de la Jeunesse, instruction pour remplir ses devoirs envers Dieu, la société ; moyen de faire honorablement son chemin dans le monde. 1 vol. in-18. Prix, broché : 40 c. — Cartonné. . . . . 60 c.

Histoire naturelle des Papillons, suivie de la manière de s'en emparer, de les conserver en collections inaltérables, et du Calendrier du Chasseur de Papillons, Chenilles et autres insectes. 1 vol. in-8, orné de 16 planches, noir, 3 fr. — Colorié.. . . . . 5 fr.

Histoire naturelle des Papillons, ornée de 210 fig. 1 vol. format Charpentier. Prix en noir : 5 fr. — En couleur. . . . . 9 fr.

Chasse au Chien d'arrêt. Gibier à plumes, par M. Chenu 1 vol. illustré de 89 belles planches. Prix. . . . . 6 fr.

Le parfait langage des Fleurs, d'après les meilleurs auteurs anciens et modernes ; de leurs propriétés, etc. 1 joli vol. illustré. Noir, 1 fr. — Colorié . . . . . . 1 fr. 50

Le cabinet des Fées, 1 vol. format Charpentier illustré. Prix. . . . . 1 fr. 50

Le Phénix des Alphabets orné de 40 gravures, avec des Exercices d'épellation, de calcul ; suivi de Contes moraux, de Conseils, de Fables choisies, etc. 1 vol. grand in-8, par le docteur Junius. Prix. . . . . 2 fr.

Les Poules françaises et étrangères, de leur éducation et des moyens d'en doubler la production; ouvrage illustré de 27 belles planches, par Th. Joubert. Prix . . . 1 fr.

Manuel de l'Oiseleur, ou l'Art de prendre, d'élever, d'instruire les Oiseaux et autres animaux d'agrément, en volière, en cage ou en liberté, de les préserver et guérir de toutes maladies. 1 vol. illustré de 31 planches. . . . . . . 75 c.

Le parfait pêcheur à la ligne, suivi d'un traité de pisciculture, des lois et ordonnances sur la pêche fluviale. 1 vol. avec planches. Prix. . . . . 60 c.

Manuel du Fleuriste, ou l'Art de faire les Fleurs en papier, orné de 12 planches. . . . . 65 c.

Traité de la patinotechnie, ou l'Art de patiner, par A. Covilbeaux, professeur attaché à l'instruction publique. 1 vol. gr. in-18, orné de 15 belles lithographies. . . . . 1 fr. 25 En couleur. . . . . 2 fr.

Traité de la natation, ou l'Art de nager est démontré avec la plus grande précision, suivi d'observations sur l'influence des bains sur la santé, avec planches. . . . 50 c.

Recueil d'Anatomie portatif à l'usage des artistes, par Pauquet. 1 vol. . . . . 5 fr.

L'Art de préparer les Plantes marines et d'eau douce, pour les conserver dans les collections d'histoire naturelle, et en former des Albums pour leur étude, etc. 1 vol. in-12. . . . . 1 fr.

Traité de Taxidermie, ou l'Art de mégir, de parcheminer, d'empailler, de monter les peaux de tous les animaux, de prendre, préparer et conserver les Papillons et autres insectes, précédé des procédés Gannal ; 4ᵉ édition. . . . . . 1 fr.

Le Mécanicien-Constructeur de Machines à vapeur, ouvrage utile aux Constructeurs, Inventeurs, Ouvriers mécaniciens, Fumistes, Industriels, etc., par P.-Ch. Joubert, auteur de plusieurs ouvrages scientifiques . . . . . . 1 fr.

Manuel d'Horlogerie pratique, mise à la portée de tout le monde, renfermant les éléments de cet art, la Construction et la Réparation des Montres et des Pendules, ainsi que la manière d'établir les Tableaux mécaniques et automates, et l'art de tracer une Méridienne, pouvant servir à régler les Montres. 1 vol. orné de 8 planches. . . . . 2 fr.

Peinture lithrochromique, ou Imitation sur toile, et l'Art de donner aux objets dessinés au crayon, à l'estampe, aux lithographies, gravures, etc., l'apparence d'une jolie peinture à l'huile, suivie des Procédés pour peindre et décalquer sur le bois et les écrans, et d'obtenir, avec un petit nombre de couleurs, toutes espèces de nuances ; 5ᵉ édition . . . . 75 c.

Peinture orientale, ou l'Art de peindre sur papier, mousseline, velours, bois, etc., et de décalquer sur verre ; 3ᵉ édition. Grand in-18. . . . . 75 c.

Quatre Manuels artistiques et industriels, mis à la portée de tout le monde, le premier volume contenant les Traités de Dessin industriel, de Morphographie, des Ombres, Hachures et Estompes, de Géométrie, etc., avec 22 planches d'étude. . . . . 1 fr.

Les trois autres volumes in-18 complètent une encyclopédie artistique variée : ils se vendent 1 fr. chaque, et 4 fr. les 4 volumes.

Paris — Imp. de Ch. Bonnet, rue Vavin, 42

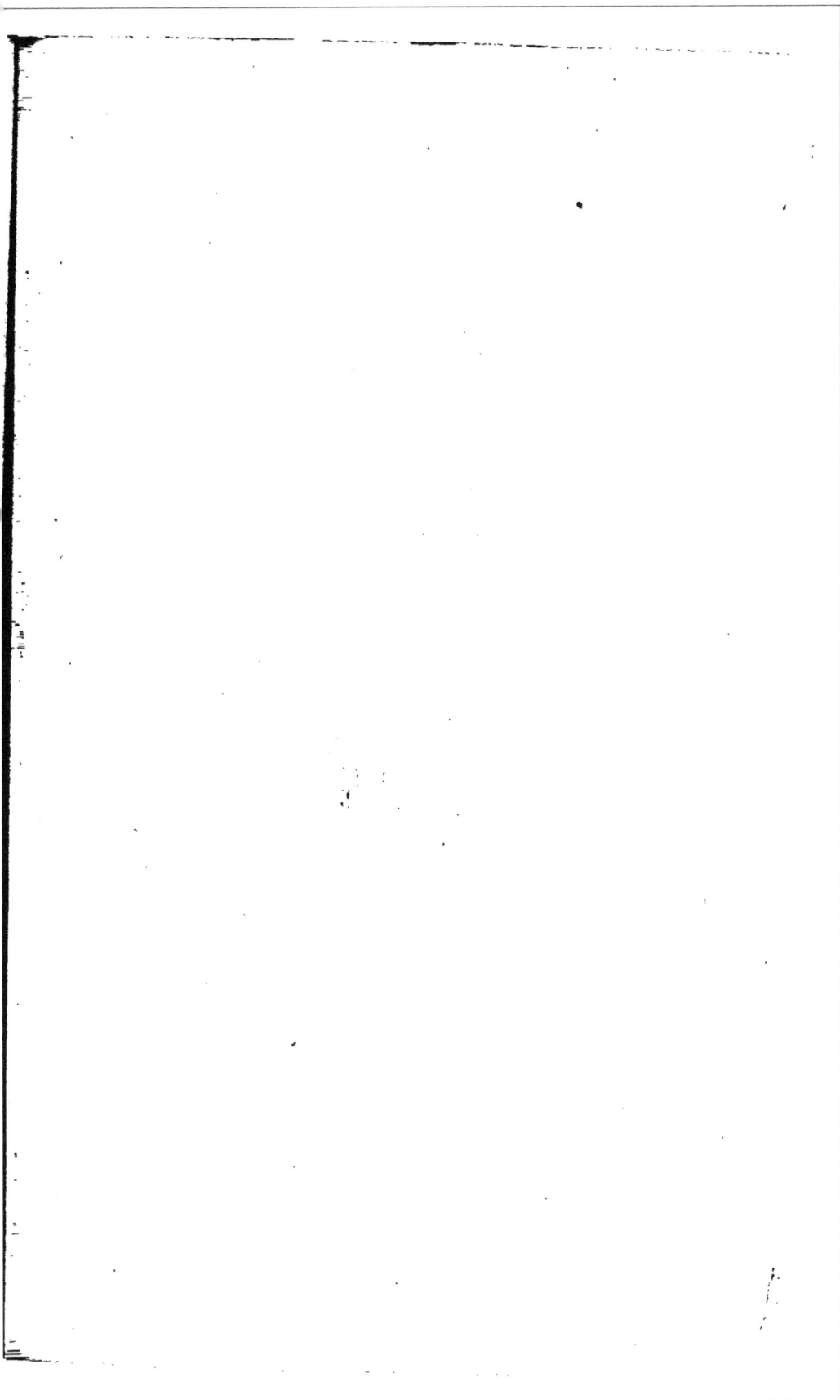

BIBLIOTHÈQUE ARTISTIQUE.

(Ajouter 10 c. par franc pour recevoir franco.)

Histoire de la Statuaire antique, son origine, ses développements et sa décadence chez les différents peuples, par L. VAFFIER. 1 vol. grand in-18 . . . . **3 fr.**

Annuaire de la Photographie, résumé des procédés les meilleurs pour la plaque métallique, le papier sec et humide, la glace albuminée ou collodionnée, la gravure héliographique, la lithographie, le cliché typographique, le stéréoscope, l'hélioplastie, l'amplification des images, la damasquinure, la photographie sur tissus, collodion sur toile cirée, avec l'indication des instruments nouveaux, par J.-B. Delestre. 1 vol. in-8. **4 fr.**

Dictionnaire universel des Beaux-Arts, Architecture, Sculpture, Peinture, Dessin, Gravure, Poésie, Musique, etc., suivi d'un Dictionnaire d'Iconologie. 1 vol. grand in-18 . . . . **1 fr. 50**

A B C du Dessin et de la Perspective, orné de 10 planches d'étude graduées . . . . **1 fr.**

Traité de Paysage, avec planches d'études graduées, par Goupil. 1 vol. in-8. Prix . . . . **1 fr.**

Manuel général de l'ornement décoratif, appliqué aux embellissements extérieurs, aux tentures, à l'ameublement, aux vases, au costume, à la composition des jardins, etc. 1 vol. in-8. avec planches. Prix . . . . **1 fr.**

Le Dessin expliqué, mis à la portée de toutes les intelligences. 1 vol. in-8, orné de 30 sujets d'étude . . . . **1 fr.**

L'Aquarelle et le Lavis, par Goupil. 1 vol. in-8, avec planche . . . . **1 fr.**

Le Pastel, par Goupil. 1 vol. in-8 avec planche . . . . **1 fr.**

La Peinture à l'huile, suivie d'un Traité de la restauration des tableaux, par Goupil. 1 vol. in-8 . . . . . . **1 fr.**

La Perspective, ou l'Orthographe des formes. 1 vol. in-8, orné de planches . . . . **1 fr.**

La Miniature. 1 vol. avec planche d'étude . . . . . . **1 fr.**

La Photographie pour tous, traité simplifié. 1 vol. in-8 . . . . **1 fr.**

Guide du Peintre-Coloriste, comprenant le coloris des gravures, lithographies, vues sur verre, pour stéréoscope; du Daguerréotype et la retouche de la Photographie à l'aquarelle et à l'huile, par C. Lefebvre. 1 vol. 8 . . . . . . **1 fr.**

Manuel général de Modelage EN BAS-RELIEF ET EN RONDE-BOSSE, DE LA SCULPTURE ET DU MOULAGE, ouvrage orné de planches, augmenté d'un grand nombre de procédés nouveaux, utiles et agréables aux amateurs, par F. Goupil, professeur de dessin et élève d'Horace Vernet . . . . **1 fr. 50**

Paris. — Impr. de Ch. Bonnet, 42, rue Varin.